园林计算机辅助设计教程

AutoCAD2021 中文版

邢黎峰　编著

机械工业出版社

CHINA MACHINE PRESS

本书按照完整的风景园林制图流程，讲授了运用计算机辅助设计技术的思路，讲解了AutoCAD应用程序的相关功能和使用方法。教材的章节结构和知识点安排，循序渐进符合认知规律。示例图样贴合风景园林专业，绘制步骤图文并茂系统完整。

　　采用的软件环境：操作系统64位Windows 10简体中文版，应用程序AutoCAD 2021简体中文版。硬件环境：IBM PC英文键盘、三键滚轮鼠标。

图书在版编目（CIP）数据

园林计算机辅助设计教程：AutoCAD2021中文版 / 邢黎峰编著.
—北京：机械工业出版社，2021.1（2023.4重印）
ISBN 978-7-111-67293-7

Ⅰ. ①园⋯　Ⅱ. ①邢⋯　Ⅲ. ①园林设计—计算机辅助设计—AutoCAD软件—教材　Ⅳ. ①TU986.2-39

中国版本图书馆CIP数据核字（2021）第015049号

机械工业出版社（北京市百万庄大街22号　邮政编码100037）
策划编辑：赵　荣　责任编辑：赵　荣　范秋涛
责任校对：陈　越　封面设计：鞠　杨
责任印制：单爱军
河北宝昌佳彩印刷有限公司印刷
2023年4月第1版第2次印刷
184mm×260mm·18.25印张·372千字
标准书号：ISBN 978-7-111-67293-7
定价：65.00元

电话服务　　　　　　　　　　　网络服务
客服电话：010-88361066　　　机　工　官　网：www.cmpbook.com
　　　　　010-88379833　　　机　工　官　博：weibo.com/cmp1952
　　　　　010-68326294　　　金　书　网：www.golden-book.com
封底无防伪标均为盗版　　　机工教育服务网：www.cmpedu.com

前　言

　　计算机辅助设计（CAD，Computer Aided Design）是园林、风景园林专业计算机应用基础教育的骨干课程，是计算机文化、技术以及应用基础教育中与专业课程关系最紧密、最直接的课程。大学里开设计算机辅助设计课程始于20世纪90年代末期，教学体系源于建筑和艺术类相关专业，经过20多年的教学实践，逐渐形成了适用于风景园林专业的完整教学体系，积累了大量的CAD应用经验。课程教学的目的是让学生了解应用CAD技术的思维方式和工作流程，熟练操作主流的CAD应用程序，独立分析专业应用问题并提出相应的解决方案。课程的实践性很强，课堂讲授和上机实验两个主要环节相辅相成，密不可分。

　　子曰：学而不思则罔，思而不学则殆。在计算机辅助设计学习过程中，入门阶段遇到的技术层面的内容较多，通过模仿，练习操作步骤是很重要的；提高阶段思想层面的东西较多，借鉴前人解决问题的思路来独立思考更为重要。绘制工程图样的关键是尺寸准确、符合国家和行业制图标准，而表现图和三维场景漫游动画的精髓则源于对生活的细致观察。正如林语堂先生所说："最好的建筑是这样的，我们深处在其中，却不知道自然在哪里终了，艺术在哪里开始"。好的表现图和漫游动画是师法自然的结果，追求的境界是"虽由人作，宛自天开"，这与中国古代造园的传统思想是一致的。

　　1999年山东农业大学面向全国开展园林计算机设计师培训，2004年整理培训讲义出版了《园林计算机辅助设计教程》，2007年课程"园林计算机辅助设计"纳入山东省高等学校精品课程（本科）建设，同年本书出版第2版，为了适应大学课堂的教学需要，完善了教材的知识结构，梳理了编排体系。初学者常常苦读一本精装巨著却一脸茫然，本书编写力求实用、简要、系统。实用，是以绘图的需要为主线来筛选应用程序的功能，而不是以设计软件的功能为框架。简要，解决一个实际问题的方法有多种，教材只写最容易掌握最有效的一种。系统，从基础讲起，以园林图样的绘制示例讲解命令或工具的操作方法，力求在最短时间内通过系统训练，使学生具备独立工作的能力。

　　"园林计算机辅助设计教程"规划为两册，将涵盖适用于风景园林的CAD应用程序AutoCAD、Vectorworks Landmark、SketchUp、Enscape、V-Ray for SketchUp、Lumion。在大学里选作教材，用于园林、风景园林专业教学时，本册可安排40~60学时，课堂讲授与上机实验各占一半。

　　有关本书的任何问题，衷心希望得到您的反馈，将在下一版中补充和修正，疑难知识点附有教学视频，请扫描本书封底的二维码查看。

2020年9月　山东泰安

欢迎加入读者群QQ 661733802

目　录

第1章　基础入门

1.1　启动运行

🖱双击桌面上的AutoCAD 2021图标 **A** 启动运行，或🖱单击Windows开始按钮 ⊞ →在应用列表中找到AutoCAD 2021🖱单击，启动运行→弹出开始对话框，如图1-1所示，🖱单击左上角的大按钮"开始绘制"，如图1-1所示操作❶，以默认图形样板建立一个新的文件，进入工作环境。

1.2　用户界面与常用操作

AutoCAD的用户界面在2009版时发生了巨大的变化，命令按钮的组织形式从工具栏变成了微软Office风格的Ribbon（条带）功能区，绘图区的底色从纯黑变成了乳白色。为了老用户能够使用新的版本绘图，将工作空间切换至经典模式可以返回到老版本的用户界面，2015版开始取消了经典模式，用户界面完成了一次较大的换代。绘图区的底色则从2009版的乳白色越变越深成了黑灰色。

AutoCAD 2021的用户界面如图1-2所示，从上到下分为四个板块：顶行从左向右分别是应用程序按钮、快速访问工具栏、标题带、搜索帮助、帮助、窗口控件。第2~6行是功能区，按照功能将命令归类划分在不同的选项卡，一个选项卡内又细分为不同的面板，每个面板中放置着一组命令/工具按钮。第7行是开始、文档选项卡，可以在开始对话框和打开的多个文件间切换。再往下是绘图区，占据了应用程序窗口中间的大片区域，绘图区的左上角是视图控件，左下角是坐标系图标，下边是命令行，右边导航栏，右上角是ViewCube，中间是十字光标，可以有右键快捷菜单、选项板（特性、工具）等。底行是状态栏，从左向右分别是模型/布局选项卡、绘图辅助工具、注释比例工具等。

1.2.1　应用程序按钮

🖱单击用户界面左上角的应用程序按钮 **A**，弹出对话框如图1-3所示，对话框中包含的项目与多数Windows软件的"文件"菜单类似，如文件的新建、打开、保存、输入、输出、打印、关闭等，还有退出AutoCAD软件。

1. 恢复传统颜色

AutoCAD绘图区的底色在越变越深，但仍然不是纯黑色，颜色较暗的图形可视性差，恢复传统的纯黑色背景是个不错的选择，虽然这样做免不了被认为因循守

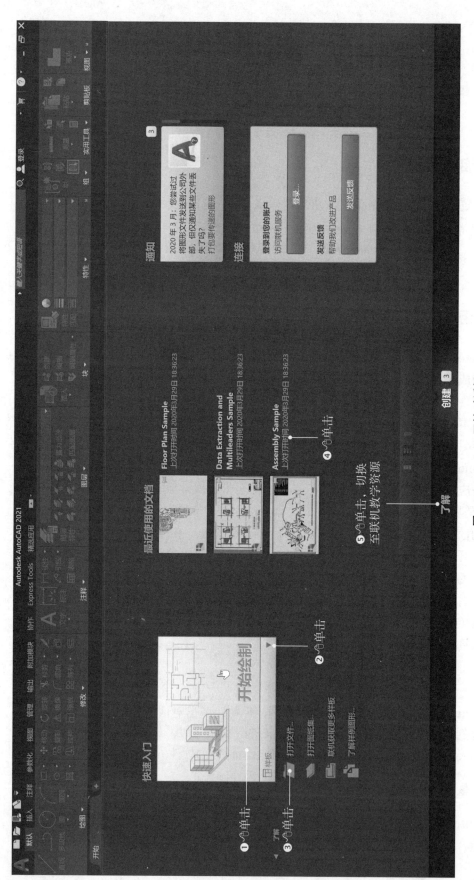

图1-1　AutoCAD开始对话框

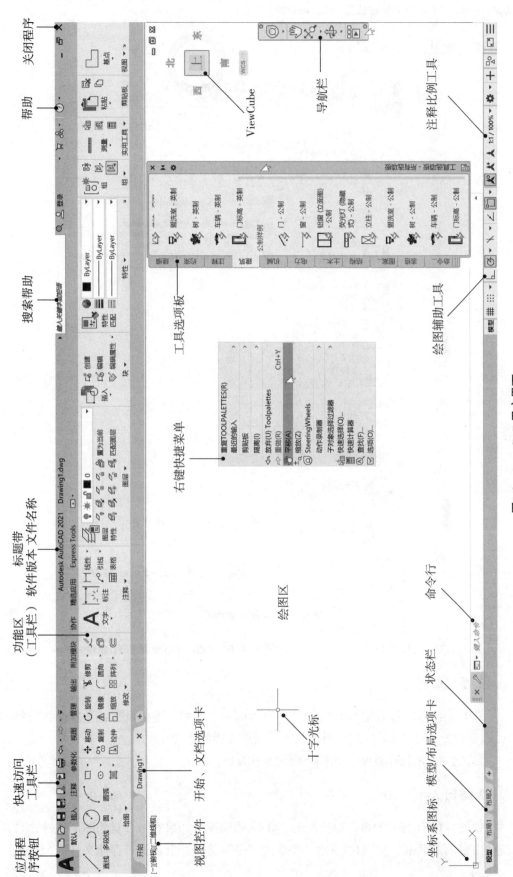

图1-2 AutoCAD用户界面

旧、墨守成规。操作步骤如下：

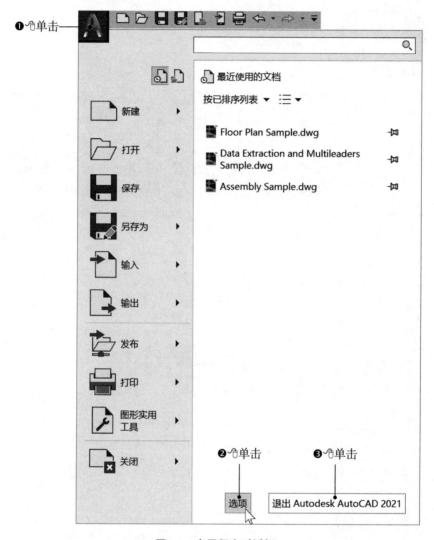

图1-3 应用程序对话框

如图1-3所示操作❶❷→如图1-4所示操作❶❷→如图1-5所示操作❶❷。

2. 重置配置

在开始练习时经常把AutoCAD的用户界面和系统的配置搞乱了，重置配置可将AutoCAD恢复到"初始安装"时的状态。操作步骤如下：
如图1-3所示操作❶❷→如图1-6所示操作❶❷。

3. 退出 AutoCAD

如图1-3所示操作❶❸，退出AutoCAD应用程序，如果有未存盘的图形文件，系统弹出提示对话框，如图1-7所示，单击"是"将其存盘，逐一存储文件后窗口关闭，AutoCAD应用程序退出。与其他的Windows应用程序一样，🖱单击AutoCAD窗口右上角的关闭按钮🗙，也可以退出AutoCAD应用程序。

退出AutoCAD时往往已经工作了很长时间，一定要仔细观察弹出的提示对话框，将图形文件逐一存盘，为了安全也可参照"1.6.3保存图形文件"中的方法将图形文件先存盘，然后再退出。

1.2.2　快速访问工具栏

应用程序按钮的右侧是快速访问工具栏，排放着最为常用的几个命令，如：文件的新建、打开、保存、另存为、打印、放弃Undo、重做Redo。🖱单击右端的下拉按钮▼，在下拉列表中勾选一个命令，可将其添加显示在快速访问工具栏中。如图1-8所示操作❶❷，可在快速访问工具栏中添加显示图层列表，用于图案填充等命令在执行过程中切换当前图层。如果你在学习一个老版本的AutoCAD教程，也可以显示经典的菜单。

图1-4　选项对话框

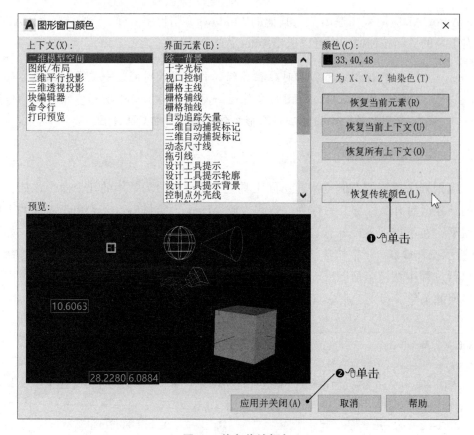

图1-5　恢复传统颜色

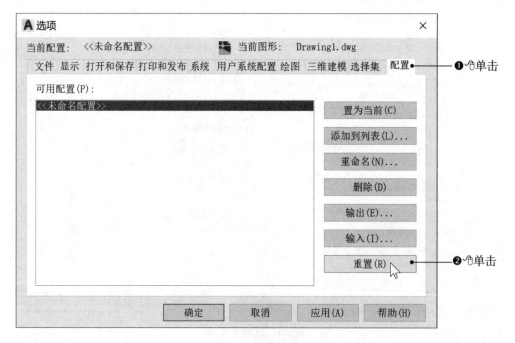

图1-6　重置配置

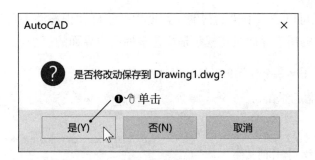

图1-7　保存提示对话框

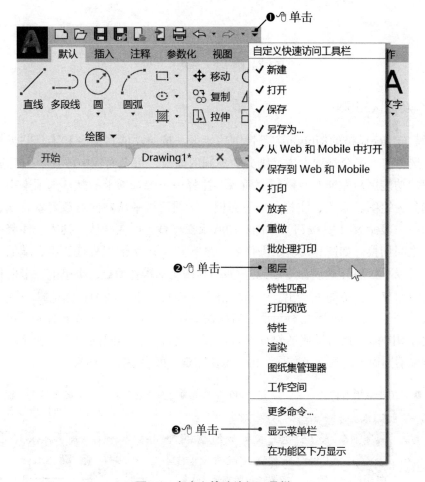

图1-8　自定义快速访问工具栏

1.2.3　标题带、帮助

用户界面顶行的中央是标题带，显示AutoCAD应用程序的版本和当前正在操作的文件名称。标题带的右侧是搜索帮助框，输入一个命令或关键词，🖱单击右侧的搜索按钮 🔍，可快速搜索相关的帮助。AutoCAD的帮助❓可在线访问Autodesk官方网站上的最新版本，也可以下载脱机帮助安装包，如图1-9所示操作❶❷，安装后在计算机离线时可以访问本机的帮助。帮助中的基础知识漫游手册是快速入门的途径，在线帮助中的用户界面概述视频是快速掌握用户界面的捷径。

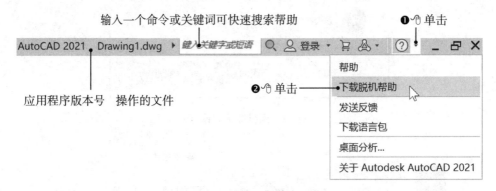

图1-9　标题带、搜索、帮助

1.2.4　功能区Ribbon

微软Office风格的Ribbon（条带）功能区，按照功能将命令和工具归类划分在不同的选项卡，一个选项卡内又细分为不同的面板，每个面板中放置着一组命令/工具按钮。功能区从左向右有默认、插入、注释……等选项卡，默认选项卡中从左向右又细分为绘图、修改、注释……等面板，绘图面板中从左向右放置着直线、多段线、圆……等命令/工具按钮。如图1-10所示操作❶，可在默认、插入、注释……等选项卡之间切换。如图1-10所示操作❷，🖱单击一个命令/工具按钮组右端的下拉按钮▼，可以下拉展开这组命令/工具。如图1-10所示操作❸❹，🖱单击一个面板底部的下拉按钮▼，面板向下滑出，🖱单击滑出式面板左下角的图钉图标📌可固定滑出式面板。有些面板的右下角有对话框启动器↘图标，如图1-10所示操作❺🖱单击对话框启动器↘图标，弹出经典的对话框。面板可呈现三种不同的形态，随显示器尺寸和分辨率不同而自动切换，如图1-10所示操作❻，可手动循环切换。

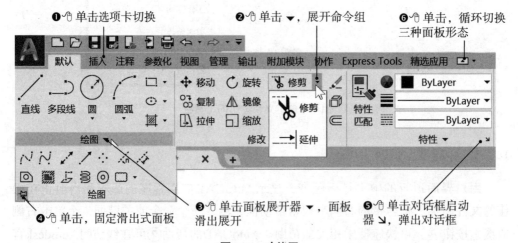

图1-10　功能区

1.2.5　开始、文档选项卡

　　开始、文档选项卡在绘图区顶部，可以在开始对话框和打开的多个文件间切换。🖰单击右端的图标✚，如图1-11所示操作❶，将参照默认图形样板acadiso.dwt建立一个新的文件Drawing2.dwg。🖰单击开始选项卡，如图1-11所示操作❷，弹出开始对话框，如图1-1所示，如图1-1所示操作❷，下拉展开图形样板列表，🖰单击列表中的一个图形样板，将参照这个样板的设置新建一个文件。如图1-11所示操作❸，可以切换回文件Drawing1.dwg继续绘图。

图1-11　开始、文档选项卡

1.2.6　绘图区

　　AutoCAD应用程序窗口中央的大片区域是绘图区，默认显示的是模型空间的视口，图形绘制工作基本是在这个区域完成的，如图1-12所示。绘图区的顶部是文档选项卡，底部是布局选项卡，绘图区域内左上角是视图控件，右上角是ViewCube，右边是导航栏，左下角是坐标系图标，底边是命令行。命令行是人机对话的窗口，在其中显示命令、操作提示等信息，⌨敲击键盘的F2键可向上展开命令行。功能区"视图"选项卡中收纳了视图中元素的开关按钮，🖰单击按钮可以控制其是否显示，如图1-13所示操作。

1.2.7　状态栏

　　AutoCAD应用程序窗口的底部是状态栏，一般状态如图1-14所示，从左向右依次是模型/布局选项卡（模型空间/图纸空间切换控件）、绘图辅助工具、注释比例工具等。如图1-14所示操作❶，🖰单击模型、布局1、布局2选项卡可以在模型空间与布局间切换，模型空间就是设计师面对的设计场地，每一个布局就是方案中的一张设计图纸，可以新建多个布局。如图1-14所示操作❷，🖰单击绘图辅助工具按钮，可开/关捕捉、栅格、正交等绘图辅助工具。如图1-14所示操作❸❹❺，可开/关状态栏中显示的项目。

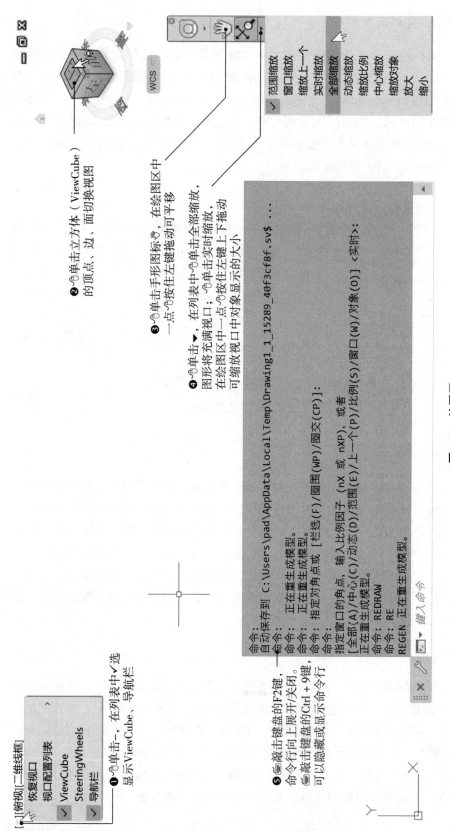

图1-12 绘图区

❶ ❣单击▼，在列表中✔选
显示ViewCube，导航栏

❷ ❣单击立方体（ViewCube）
的顶点、边、面切换视图

❸ ❣单击手形图标❣，在绘图区中
一点❣按住左键拖动可平移

❹ ❣单击▼，在列表中❣单击全部缩放，
图形将充满视口；❣单击实时缩放，
在绘图区中一点❣按住左键上下拖动
可缩放视口中对象显示的大小

❺ ▣敲击键盘的F2键，
命令行向上展开/关闭。
▣敲击键盘的Ctrl+9键，
可以隐藏或显示命令行行

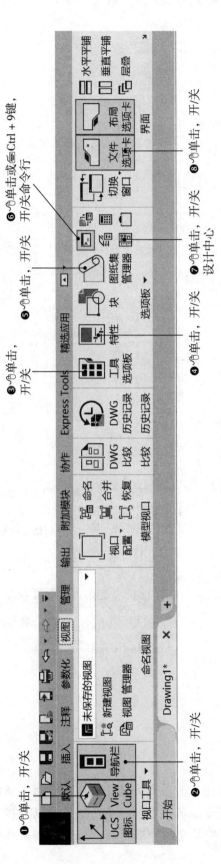

图1-13　视图选项卡

❶单击，开关

❷单击，开关

❸单击，开关

❹单击，开关

❺单击，开关

❻单击或按Ctrl + 9键，开关命令行

❼单击，开关设计中心

❽单击，开关界面

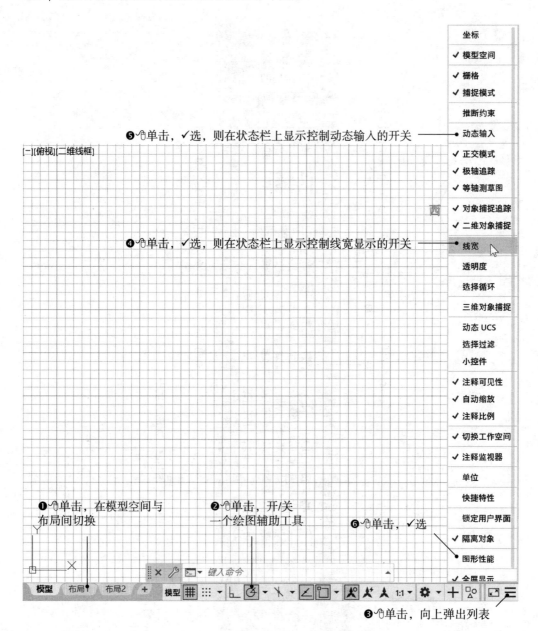

图1-14 状态栏

1.3 命令的操作

1.3.1 启动命令的途径

AutoCAD应用程序是由无数条命令或工具组成，每一条命令对应一个操作，命令是以英语单词或是缩写命名。启动一条命令，可以直接在键盘上输入命令名称，也可以单击功能区中某个命令或工具的按钮，如果你在学习一个老版本的

AutoCAD教程，可能需要通过菜单启动命令，可参照"1.2.2 快速访问工具栏"，显示AutoCAD传统的菜单。

【例1】启动直线命令，绘制如图1-15所示图形。

1. 单击命令按钮启动直线命令

启动直线命令：在功能区中🖱单击"默认"选项卡，在"绘图"面板，🖱单击直线命令按钮 ╱，如图1-16所示操作❶。

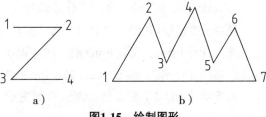

图1-15　绘制图形

绘制如图1-15a所示图形：在绘图区中🖱单击任意一点1→移动鼠标后🖱单击第二点2→移动鼠标后🖱单击第三点 3→移动鼠标后🖱单击第四点4→🖱右击，在弹出的快捷菜单中🖱单击"确认"，或⌨敲击键盘上的回车键 Enter 结束。

2. 输入命令名称启动直线命令

启动直线命令：从键盘上依次⌨敲击Line 或L，如图1-16所示操作❷，Line命令出现在动态提示对话框中，或是显示在向上弹出的命令行中→⌨回车或在列表中🖱单击LINE，启动直线命令。

绘制如图1-15b所示图形：在绘图区中🖱单击任意一点1→移动鼠标后🖱单击第二点2→……→移动鼠标后🖱单击第七点7→🖱右击，在弹出的快捷菜单中🖱单击"关闭（C）"，或⌨敲击键盘上的C字母键、回车键 Enter 结束。

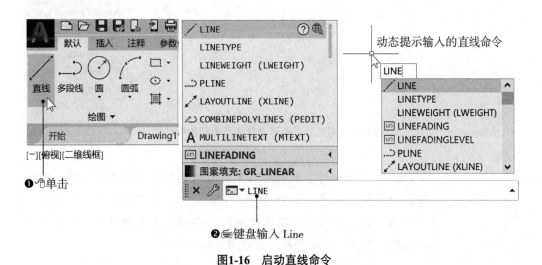

图1-16　启动直线命令

3. 删除已绘制的所有图形、缩放视图至默认大小

这一步顺序执行全选、删除、全部缩放三个命令，清理绘图区准备做下一个

练习。

单击命令按钮启动命令的操作步骤如下：

如图1-17所示操作，🖰单击"默认"选项卡→🖰单击"全部选择"按钮▨（实用工具面板中）→🖰单击"删除"按钮✐（修改面板中）→在绘图区右侧的导航栏中，🖰单击"缩放"按钮组下端的▾展开列表，🖰单击"全部缩放"▨。

输入命令名称启动命令的操作步骤如下：

选择全部图形对象，⌨Ctrl + A（按住⌨Ctrl键后，⌨敲击字母a）→删除，⌨输入删除命令Erase，敲击Enter键（回车键）→全部缩放视图，⌨输入缩放视图命令Zoom、敲击Enter键、⌨输入a、敲击Enter键。

可参见【例3-2】删除已绘制的全部图形。

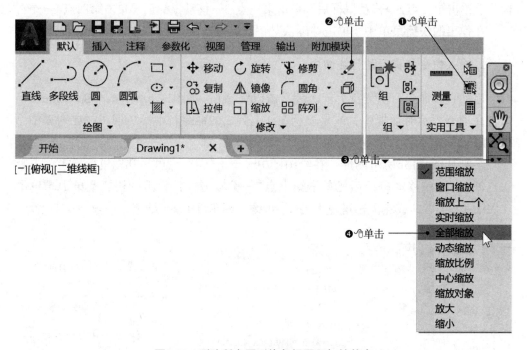

图1-17　删除所有图形恢复视图至初始状态

AutoCAD命令行不识别中文字符，请先切换至英文输入法，然后再输入命令或坐标数值。AutoCAD不区分命令中字母的大小写，输入时大小写兼容。从键盘上输入命令时，不必先去命令行中🖰单击定位光标位置，不管光标在哪儿，直接键盘输入即可。

1.3.2　中止执行中的命令

在一个命令执行过程中，⌨敲击Escape键（Esc键）🄴🅂🄲 可中止命令继续执行，常用于命令执行过程异常、AutoCAD假死等情况。

1.3.3　重复执行上一条命令

在一个命令执行完成后，⌨敲击Enter键（回车键），⌨敲击空格键，或🖱右击，在弹出的快捷菜单中，🖱单击第一项"重复***"，可再次启动刚完成的那条命令。

1.3.4　放弃Undo与重做Redo一条命令

AutoCAD记忆了执行过的命令堆栈，你可以反复放弃与重做已完成的命令。放弃Undo与重做Redo的命令按钮 ← ▾ → ▾ ▾ 在快速访问工具栏上，如图1-18所示，两个命令都支持单步或多步操作，快捷键是Ctrl+Z与Ctrl+Y。

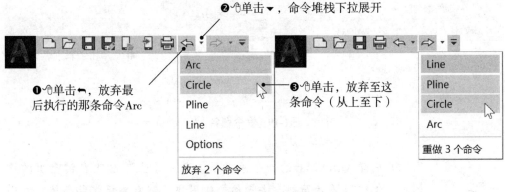

图1-18　放弃与重做

1.4　快捷键、临时替代键、命令别名

快捷键是指用于启动命令的键或多个按键的组合，例如，⌨按Ctrl+O组合键来打开文件，即⌨按住Ctrl键后，⌨敲击字母键O。⌨按Ctrl+S组合键来保存文件，结果与在快速访问工具栏中🖱单击命令按钮 📁 💾 相同。打开AutoCAD帮助，搜索"快捷键参考"，可看到全部的快捷键定义。

临时替代键用于临时打开或关闭绘图设置，例如，⌨按住 Shift 键可切换正交模式的当前状态。在绘制直线的过程中，假设正交模式处于关闭状态，如果需要绘制正交直线，⌨按住Shift键后正交模式临时启用，绘制正交直线，⌨松开Shift键后正交模式重新关闭。打开AutoCAD帮助，搜索"临时替代键参考"，可看到全部的临时替代键定义。

命令别名是输入一条命令时的缩写，例如，启动直线命令可以⌨输入Line 也可以⌨输入L，L就是Line命令的别名，是为了简化键盘输入而定义的。命令别名存放在程序参数文件acad.pgp中，是一个文本文件，其扩展名pgp是Program Parameters的缩写，如图1-19所示操作，打开文件acad.pgp，可查看、修改、追加命令别名及其他程序参数。

; Command alias format:	命令别名格式:
; <Alias>, *<Full command name>	别名，*全名
L, *LINE	这一行看懂了吧☺

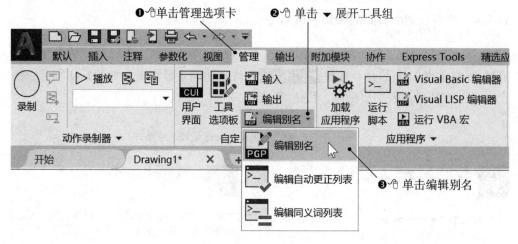

图1-19　命令别名

 开始学AutoCAD的新手总是很羡慕双手上下翻飞在键盘上的绘图员，觉得很潇洒而刻意去模仿，使用快捷键需要记忆和熟练，入门时使用鼠标操作并不比键盘操作慢，试想一下如果键盘操作方式更高效，AutoCAD应用程序为什么会进化成今天的样子呢？

1.5　控制当前视口显示

AutoCAD的绘图区域是当前视图的一个视口，你可以把它想象成是一扇景窗或是写生时的取景框，如图1-20所示。视口平移和缩放是由于观察者所处的位置和距离不同而产生的不同视觉效果，图形对象自身的位置和尺寸并没有改变，只是在观察者的眼中发生了变化。

图1-20　取景框（送你一个长安，引自西安世博园运营管理有限公司网站）

1.5.1　使用滚轮鼠标平移和缩放

使用微软智能鼠标（Microsoft IntelliMouse）可以快捷地缩放和平移视口中的显示区域，不需要启动AutoCAD的命令。

实时缩放：前后转动滚轮将以当前光标位置为中心缩放，向前转动滚轮放大，向后转动滚轮缩小。

平移：按住滚轮拖动可平移。在绘图区中一点（起点）按住滚轮并拖动鼠标，到另一点（终点）后松开，就像在绘图桌上用手推图纸一样。

1.5.2　使用导航栏平移和缩放

导航栏默认浮动在绘图区域右侧，单击"视图"选项卡中的命令/工具按钮，可以显示或隐藏导航栏，如图1-13所示操作❷。导航栏上的工具按钮在模型空间与图纸空间会有所不同，如图1-21所示。导航栏中的独立的工具按钮单击启动，如果是按钮组可以单击按钮组底部的▼展开列表，在列表中单击一项启动导航工具。

平移：单击手形图标🖐，如图1-21所示操作❶→在绘图区中一点（起点）按住左键并拖动鼠标，到另一点（终点）后松开。

缩放：启动缩放工具，如图1-21所示操作❷❸。

实时缩放：启动缩放工具，单击"实时缩放"→在绘图区中一点按住左键并垂直拖动鼠标，到另一点后松开。从下到上拖动鼠标则放大，由上至下拖动鼠标则缩小。

全部缩放：启动缩放工具，单击"全部缩放"。图形中所有可见对象充满绘图区域，或图形界限的默认范围充满绘图区域，以二者中较大范围为准。

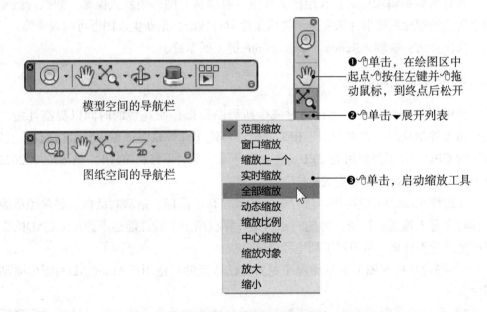

图1-21　使用导航栏平移和缩放

在许多命令执行过程中可以插入执行平移、缩放命令，原命令挂起并不中止，平移、缩放完成后原命令从挂起节点继续执行。这种在一个命令执行过程中可以"插入"执行的命令称为"透明命令"，只有少数命令可以透明使用，并且同一命令也不是总能插入到其他命令中透明执行。"全部缩放"始终重生成图形，无法透明使用。图形界限（Limits命令）在绘图区域中设置不可见的矩形边界，该边界可以限制栅格显示并限制单击或输入点位置，特别严谨的人在开始绘图前会设置图形界限。

1.5.3　重新生成图形Regen

在当前视口内重新生成图形，一般用于两种情况：一是不能进一步缩放或平移，二是执行某些操作后在显示区域遗留有残渣。

连续多次缩放或平移，可能会遇到操控失效的现象，在缩放时状态栏上提示"已无法进一步缩放"，在平移时提示"已到界限最上／下／左／右边界"，光标显示如图1-22所示，说明视口显示范围超出AutoCAD后台为显示准备的虚拟屏数据，重生成可更新虚拟屏数据，然后可继续缩放或平移。在二维环境中实时平移和缩放时，AutoCAD 2021将根据需要自动执行重新生成操作，手动重新生成概率较少。

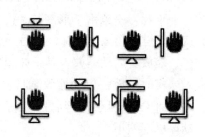

图1-22　需要手动重新生成图形

执行某些编辑操作后，在绘图区域中有时遗留有图形的残渣像素，如执行删除命令后，被删除的图形并未完全消失而是遗留有残渣，重新生成图形可将其清除。

操作方法：⌨输入Regen→⌨敲击Enter键（回车键）。

1.5.4　图形性能调节

使用图形卡的硬件加速，通过减少执行图形操作所耗费的时间以提高性能。当启用硬件加速时，许多与图形相关的操作将使用计算机图形卡（显示适配器、显卡）的 GPU，而不是使用的 CPU。在二维环境中实时平移和缩放时，AutoCAD2021将根据需要自动执行重新生成操作。

在操作AutoCAD应用程序过程中，如果在移动鼠标、拖动对话框、删除图形等操作时屏幕上遗留有残渣，可能的原因是计算机图形卡的性能达不到AutoCAD的要求或是设置不合理，可通过下列途径尝试解决。

1）将计算机的图形卡驱动程序更新为已认证的且适用于AutoCAD的图形驱动程序。

2）手动调节图形性能，基于图形卡的处理器和内存性能，选择适当的配置模式，或关闭图形卡硬件加速。

在状态栏上添加图形性能图标◎，如图1-14所示操作❸❻，图标显示在状态栏右端→🖱右击图形性能图标◎，🖱单击"图形性能"，如图1-23所示操作❶❷，打开"图形性能"对话框→选择适当的配置模式或关闭图形卡硬件加速，如图1-23所示操作❸❹❺。

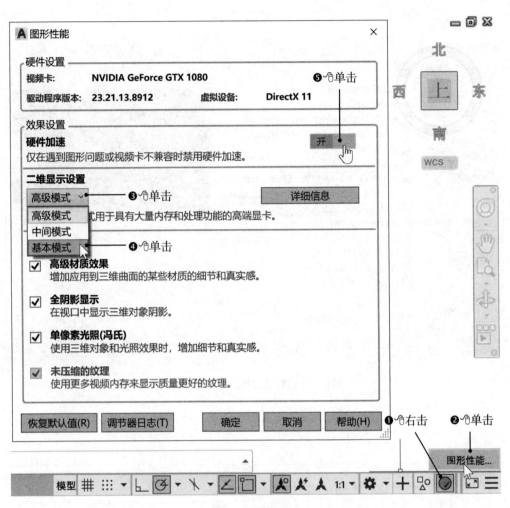

图1-23　调节图形性能

1.6　图形文件操作

1.6.1　新建图形文件

　　新建图形New、Qnew的命令按钮 ▢ 在快速访问工具栏中，如图1-8所示。↰单击新建按钮 ▢，弹出选择样板对话框，如图1-24所示操作，新建一个符合国际制单位标准的空文件drawing?.dwg。AutoCAD简体中文版采用的默认样板文件acadiso.dwt，是国际制单位的简单模板。

1.6.2　打开图形文件

　　打开图形文件Open的命令按钮 ▱ 在快速访问工具栏中，如图1-8所示。↰单击打开按钮 ▱，弹出选择文件对话框，如图1-25所示操作，打开已有的图形文件。

图1-24 以默认样板新建图形文件

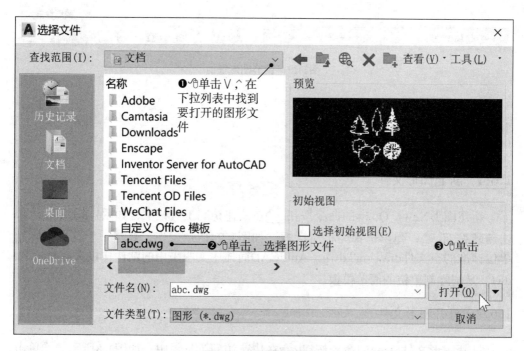

图1-25 打开图形文件

1.6.3　保存图形文件

保存图形有两个命令，保存Qsave🖫和另存为Saveas🖫，命令按钮在快速访问工具栏中，如图1-8所示。

1. 保存

👆单击快速访问工具栏中的保存按钮🖫，弹出对话框，如图1-26所示操作❶❷❹，将当前图形保存为文件abc.dwg。第一次保存以后，绘图过程中随时可以👆单击保存按钮🖫，保存当前图形的最新状态。

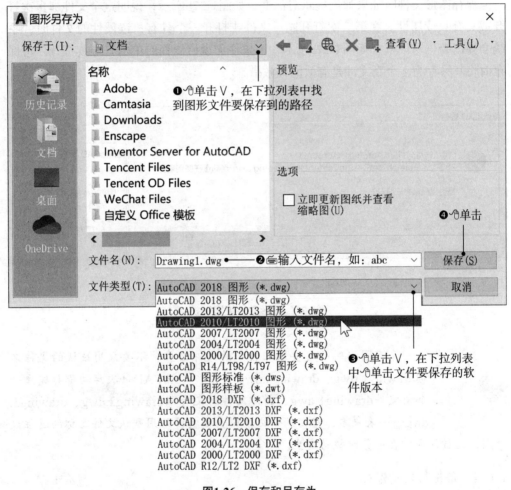

图1-26　保存和另存为

2. 另存为

另存为适用于使用新文件名或在新的路径（文件夹）保存当前图形的一个副本，以及采用与AutoCAD早期版本相兼容的文件格式保存当前图形的一个副本。

　　另存为一个新文件。🖰单击另存为按钮💾，弹出对话框，如图1-26所示操作❶❷❹，在操作❷输入一个新的文件名称，如：def，则当前图形另存为一个新文件def.dwg，原有的文件abc.dwg不变。

　　另存为低版本文件。在AutoCAD 2021中可以将当前图形另存为低版本的文件格式，用于在老版本AutoCAD应用程序中打开，降低文件存储格式会损失掉部分高版本格式特有的信息。🖰单击另存为按钮💾，弹出对话框，如图1-26所示操作❶❷❸❹。

3. 图形文件被写保护

　　保存图形文件时如果弹出提示对话框，如图1-27b所示，说明这个文件被多次打开或具有只读属性。在第二次打开同一文件或打开一个具有只读属性的文件时，系统会弹出警告对话框，如图1-27a所示，如果你无视警告而🖰单击是继续打开，待保存时将其另存为一个新文件是有效的补救措施。

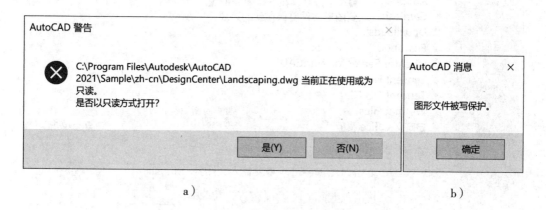

a）　　　　　　　　　　　　　　　　　　　b）

图1-27　图形文件被写保护

　　保存图形时一定要输入自定的文件名称，不要采用默认的文件名称drawing1.dwg、drawing2.dwg……，AutoCAD每次启动都会建立一个新文件drawing1.dwg，新建文件时又会以drawing2.dwg、drawing3.dwg……来命名，空白的新文件极易覆盖掉采用默认文件名称的过往设计图，这种误操作在疲劳时极易发生。

1.6.4　备份与自动保存

　　计算机硬件问题、电源故障或电压波动、用户操作不当或软件问题均可能导致打开的图形文件出现错误。经常保存当前图形文件可以确保在因任何原因导致系统发生故障时将丢失数据降到最低限度。AutoCAD默认的设置是在工作过程中，间隔10min自动保存当前图形，出现问题时，用户可以恢复图形备份文件。

　　如图1-3所示操作❶❷，弹出选项对话框，🖰单击"打开和保存"选项卡，如

图1-28所示，默认设置一般不需要更改。

图1-28　自动保存

1. 自动保存

自动保存的临时文件名称为 filename_a_b_nnnn.sv$，如：Drawing1_1_14739_2901. sv$，存储的磁盘路径是C:\Users\Windows用户名\AppData\Local\Temp，Windows用户名称每个用户可能不同。临时文件在图形正常关闭后自动删除，出现意外时先不要关闭AutoCAD，在Windows资源管理器中搜索"*.sv$"，找到这个临时文件，将文件名更改为一个正常的格式*.dwg，如abc.dwg，再次启动AutoCAD后一般可以正常打开。

2. 备份文件

在AutoCAD中每次打开或保存图形文件时，当前的图形将保存一个备份文件*.bak，备份文件与当前图形文件存储在同一路径，主文件名相同，扩展名为bak （backup的缩写），备份文件不会被自动删除。如果图形文件意外损坏，可将备份文件重命名为*.dwg，如abc.dwg，然后在AutoCAD中打开。

　　　　　　　自动保存和备份文件是为减少意外损失而设置的功能，不要有依赖心理，要养成在绘图过程中经常存盘的良好习惯，避免意外损失。

1. AutoCAD应用程序的人机交互界面由哪几部分组成？如何将其恢复到初次安装时的状态？

2. AutoCAD的命令或工具有哪几种启动方式？如何中止正在执行的命令？如何重复执行上一条命令？

3. 什么是快捷键和临时替代键？如何查看应用程序的当前定义？

4. 什么是命令别名，命令别名定义存放在哪个文件中？它是什么类型的文件？

5. 使用微软智能鼠标（三键滚轮鼠标），如何缩放和平移视图？鼠标滚轮坏了，如何缩放和平移视图？

6. 缩放或平移视图时，状态栏上提示"已无法进一步缩放"，如何处理？

7. 删除图形对象后，屏幕上竟然遗存有"幽灵"，如何消除这些乱线？

8. 保存图形时弹出提示对话框"图形文件被写保护"，可能的原因是什么？如何处理？

9. 如何找到并打开备份文件和自动保存文件？

第2章 绘制图形对象

2.1 坐标系与点坐标的输入

2.1.1 世界坐标系WCS与用户坐标系UCS

新建的一幅图，其用户坐标系（UCS）与世界坐标系（WCS）是重合的。世界坐标系如图2-1所示，绘图区域的左下角为原点，其X，Y，Z三个数轴上的坐标值为（0，0，0）；X轴在屏幕的左右方向上，向右为正值（方向东），向左为负值（方向西）；Y轴在屏幕的上下方向上，向上为正值（方向北），向下为负值（方向南）；Z轴垂直于屏幕表面，向外为正方向（海拔高正值），向里为负方向（海拔高负值）。角度定义，正东方向为0°，以此为起始方向，逆时针旋转为正值，顺时针为负值。

为了将屏幕上的世界坐标系与我们生活的真实三维空间的方向对应起来，你可以想象把面前的显示器抱在怀里，让它的屏幕朝上，然后你面朝北方站着。

用户坐标系（UCS）默认与世界坐标系（WCS）重合，有时会对用户坐标系做平移、旋转等变换。如：城市中一条斜向的主干道，两侧的建筑朝向会依据道路的走向而规划，变换用户坐标系将有利于方便快捷地绘制道路两侧的图形。

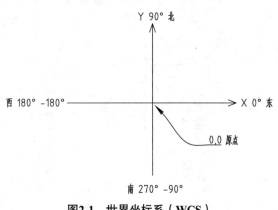

图2-1 世界坐标系（WCS）

【例2-1】用户坐标系（UCS）变换。

如图2-2所示，将用户坐标系原点平移至点A，X轴正方向旋转至直线AB的方向。本例的操作采用了夹点编辑，单击UCS图标左下角的原点方框，右击弹出快捷菜单，单击快捷菜单中的项目也可以实现类似的操作。

1）绘制一条折线作为参照图形，如图2-2所示❶。

2）用户坐标系原点平移至点A，如图2-2所示操作❷❸❹。

3）用户坐标系X轴正方向旋转至直线AB的方向，如图2-2所示操作❺❻。用户坐标系变换到位，鼠标的十字光标指示了当前用户坐标系的方向，如图2-2所示❼。

4）在变换后的用户坐标系中绘制一个矩形，如图2-2所示❽，参照2.2.4矩形。

5）用户坐标系复位至世界坐标系，如图2-2所示操作❾。

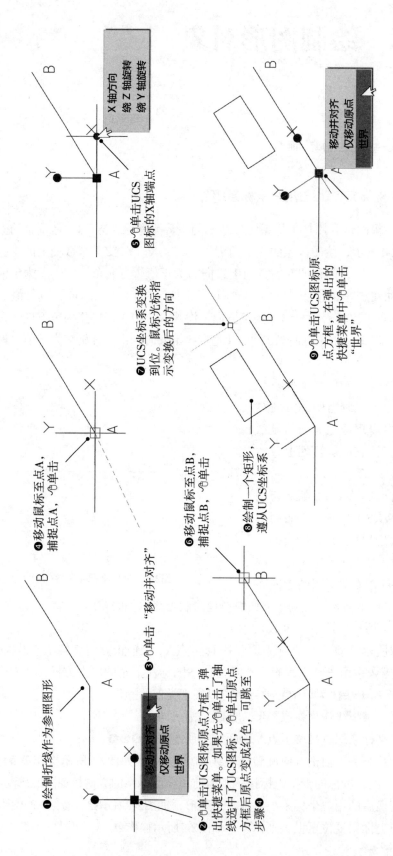

图2-2 用户坐标系（UCS）变换

2.1.2　点坐标的输入

AutoCAD里点坐标采用笛卡尔直角坐标和极坐标，笛卡尔坐标系有三个轴，即X、Y和Z轴，输入坐标值时，需要指示沿X、Y和Z轴相对于坐标系原点（0，0，0）的距离及其方向（正或负）。极坐标使用距离和角度来定位点。使用笛卡尔坐标和极坐标，均可以基于原点（0，0，0）输入绝对坐标，或基于上一指定点输入相对坐标。在输入点坐标的过程中，直角坐标与极坐标、绝对坐标与相对坐标可以任意混用，AutoCAD自动识别输入格式。

1. 直角坐标输入方式

输入一个点相对于原点（屏幕左下角0，0点）的X，Y坐标，如：300，200。

2. 极坐标输入方式

输入一个点相对于原点的斜向距离和角度，如：500<28。

3. 绝对坐标与相对坐标

上面两种坐标输入方式，每个点的坐标都是以坐标系原点（0，0）为起点计算的，称为绝对坐标。如果计算一个点的坐标时以前面刚输入的一个点为起点，则称为相对坐标，相对坐标输入时要在坐标前面加"@"。如果只输入一个@，后面的数值置空，则点坐标与前面刚输入的一点重合。

【例2-2】分别采用直角坐标、极坐标两种输入方式，绘制如图2-3实线所示的直线段，图中虚线是为标明坐标而绘制的辅助线。

1. 直角坐标输入方式（如图 2-3a 所示）

单击直线命令按钮 ╱ ，参见本书【例1】的操作步骤。
命令行提示"指定第一点："，从键盘上输入300，200回车。
提示"指定下一点或［放弃（U）］："，从键盘上输入@150，200回车。

2. 极坐标输入方式（如图 2-3b 所示）

单击直线命令按钮 ╱ 。
命令行提示"指定第一点："，从键盘上输入500<28回车。
提示"指定下一点或［放弃（U）］："，从键盘上输入@300<68回车。

在坐标输入前要关闭中文输入法，坐标值、逗号等命令参数只识别半角英文字符，全角中文字符被视为非法字符，不能执行。计算相对坐标的"起点"，并非必须位于左下角点。

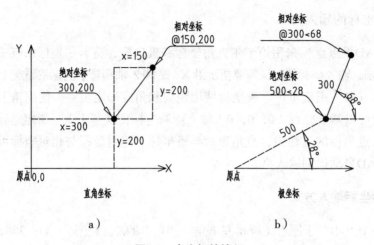

a）   b）

图2-3　点坐标的输入

【例2-3】用直线命令绘制矩形。以点（100，100）为左下角点，向其右上方绘制一个100×50的矩形，如图2-4所示，用直线命令沿A-B-C-D四点顺序绘制。

🖱单击直线命令按钮 ╱，参见本书【例1】的操作步骤。

以下步骤全部键盘输入操作：

100，100回车（A点的绝对直角坐标）。

@100，0回车（B相对于A点的相对直角坐标）。

@0，50回车（C相对于B点的相对直角坐标）。

@100<180回车（D相对于C点的相对极坐标）。

@50<-90回车（A相对于D点的相对极坐标）。

回车，结束绘制直线命令。

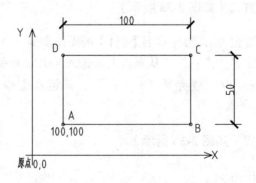

图2-4　直线命令沿A-B-C-D顺序绘制矩形

2.1.3　动态输入

动态输入在绘图区域中的十字光标附近显示命令提示和命令输入，动态输入有三个组件：指针输入、标注输入和动态提示。动态输入功能默认处于开启状态，敲击⌨键盘上的功能键F12关闭/开启。使用工具按钮则需要先在状态栏上添加动态输入按钮，🖱单击状态栏右端的自定义按钮 ≡，参照本书图1-14状态栏的操作❸❺，添加动态输入按钮█，🖱单击按钮可开启█或关闭╋动态输入。🖱右击动态输入按钮█，🖱单击"动态输入设置"，可设置动态输入的参数。

1. 动态提示

当启用动态输入，在一个命令的执行过程中十字光标附近显示与命令行相同的提示信息，这就是动态提示，如图2-5所示是绘制直线时要求指定第1点和第2点的提示信息，该信息会随着光标移动而动态更新，这有利于用户专注于绘图区域。

2. 指针输入

当启用动态输入且有绘图命令在执行时，用户可以在动态提示输入框中输入点坐标等，与在命令行中输入是等效的，敲击⌨键盘上的⬇下箭头键可以查看和选择动态输入选项。在动态输入框中输入点的坐标值，规则和操作方法如下：

输入的第1点为绝对直角坐标，动态提示如图2-5左图所示。从第2点开始为相对极坐标，动态提示如图2-5右图所示，不需要输入@符号，如果需要输入绝对坐标，可先⌨输入#，如果当前处于用户坐标系中，而要输入世界坐标系绝对坐标可先⌨输入*。

⌨敲击TAB键可以在多个动态输入框之间切换。直角坐标输入方法：⌨输入X坐标→⌨敲击TAB键→⌨输入Y坐标。极坐标输入方法：⌨输入距离→⌨敲击TAB键→⌨输入角度。

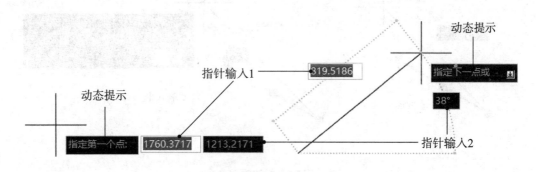

图2-5　动态提示和指针输入

　传统的点坐标输入格式与动态输入混用时AutoCAD能够自动识别，但动态输入与极轴、追踪有时会有冲突，主要表现为使用极轴或追踪时相对坐标的参照点识别有误，可先关闭动态输入再使用极轴与追踪。

【例2-4】采用指针输入绘制矩形，参见【例2-3】，如图2-4所示。用直线命令沿A-B-C-D四点顺序绘制，A-B-C采用指针输入格式，C-D-A混用点坐标格式，步骤如下：

🖱单击直线命令按钮 ╱，启动绘制直线命令。

以下步骤全部键盘输入操作：

100，100回车（A点的绝对直角坐标，指针输入第1点绝对直角坐标）。

100→敲击TAB键→输入角度0回车（B相对于A点的相对极坐标，指针输入第2点以后相对极坐标）。

50→敲击TAB键→输入角度90回车（C相对于B点的相对极坐标，指针输入第2点以后相对极坐标）。

100<180回车（D相对于C点的相对极坐标，指针输入第2点以后相对坐标不必输入@，输入100<180，自动识别小于号<为极坐标的角度前缀符）。

0，–50回车（A相对于D点的相对直角坐标，指针输入第2点以后相对坐标不必输入@，输入0，–50，自动识别逗号键为直角坐标X，Y的分隔符）。

回车，结束绘制直线命令。

3. 标注输入

标注输入用于夹点编辑时修改点坐标，☝单击需要移动的一个夹点，这个点变为红色，夹点处于激活状态，动态提示可输入距离的标注输入框，如图2-6a所示，⌨输入距离数值→⌨敲击TAB键跳转至角度输入框，如图2-6b所示→⌨输入角度，回车。

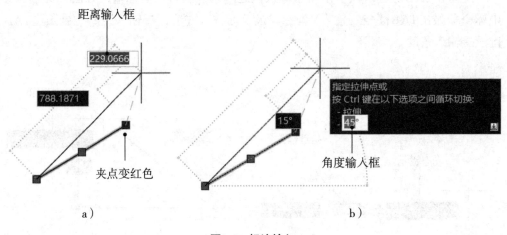

图2-6 标注输入

2.2 绘制几何图形（一）

2.2.1 直线Line

1. 命令功能

绘制两个坐标点间的直线段，持续输入点则可以创建一系列连续的线段，每条线段是独立的图形对象，可以单独编辑而不影响其他线段。

2. 启动方法

命令按钮：依次单击"默认"选项卡→"绘图"面板→直线 ╱。

键盘输入：输入Line→敲击Enter键（回车键）

3. 操作步骤

1）启动直线命令，单击直线命令按钮 ╱ 或键盘输入Line→敲击Enter键。

2）键盘输入第1点坐标或在点1位置单击，如图2-7所示❶。

3）键盘输入第2点坐标或在点2位置单击。

……

4）放弃刚输入的点，如果键盘输入的点坐标有误或单击的点位置不合适，右击弹出快捷菜单→单击其中的"放弃（U）"，如图2-7所示❷❸，或键盘输入U字母→敲击Enter键。

5）继续绘制后续的点，键盘输入点坐标或单击定位点。

……

6）结束绘制直线，右击，弹出快捷菜单，单击其中的"确认（E）"，如图2-7所示❷。

7）闭合，右击，弹出快捷菜单，单击其中的"关闭（C）"。末尾一点自动与起点相连形成闭合图形，直线命令结束。

直线命令的启动和点坐标输入，可参见【例1】启动直线命令、【例2-3】用直线命令绘制矩形。

命令行提示与右键菜单释义。

在绘制直线命令执行过程中，命令行中的提示是动态变化的，底部一行提示了当前可选的操作。如图2-7所示，命令行提示"LINE指定下一点或［关闭（C）退出（X）放弃（U）］："，其中"LINE指定下一点"提示当前执行的命令是LINE，默认的操作是指定下一点的位置或输入下一点坐标，关闭/退出/放弃是可选项，对应的键盘操作方法分别是：C回车（键盘输入C字母→敲击Enter键）、X回车、U 回车。

在绘制直线命令执行过程中，右键单击会弹出快捷菜单，也称为右键菜单或上下文菜单，如图2-7所示，快捷菜单中的"关闭（C）退出（X）放弃（U）"与命令行中的可选项一一对应，单击这三个可选项等效于键盘操作"C回车、X回车、U 回车"。单击其中的"确认（E）"与"键盘敲击Enter键"等效，是结束绘制直线命令。其中的大写字母一般源于某个英文单词：E-Enter确认/回车、C-Close关闭/闭合、X-Exit退出、U-Undo放弃。

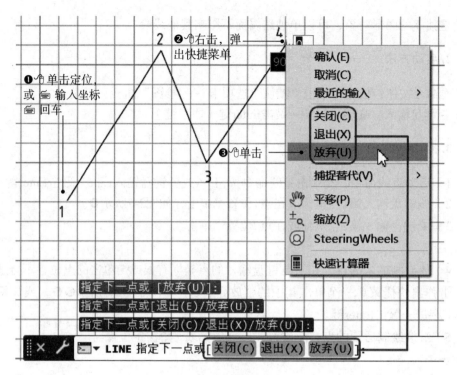

图2-7　绘制直线

2.2.2　圆弧Arc

1. 命令功能

默认的绘制方法是顺序给出起点、第二点、终点绘制出一段圆弧，三点弧的第二点不一定是圆弧的中点。其他的绘制方法是指定圆心、端点、起点、半径、圆心角、弦长和弧切线方向值的各种组合，从起点到端点以逆时针方向绘制圆弧，按住 Ctrl 键的同时拖动，则以顺时针方向绘制圆弧。

2. 启动方法

命令按钮：依次单击"默认"选项卡→"绘图"面板→圆弧。
键盘输入：输入Arc→敲击Enter键（回车键）。

3. 操作步骤

圆弧有多种绘制方法，命令按钮是一个按钮组，其中的每个按钮对应绘制圆弧的一种参数组合，如图2-8所示。第一种三点弧的命令按钮默认是招牌，可直接单击按钮启动，如图2-8所示❶。其他参数组合需要下拉按钮组列表，如图2-8所示❷❸，最后执行的这种组合将成为按钮组的招牌，下次直接单击命令按钮即可执行。

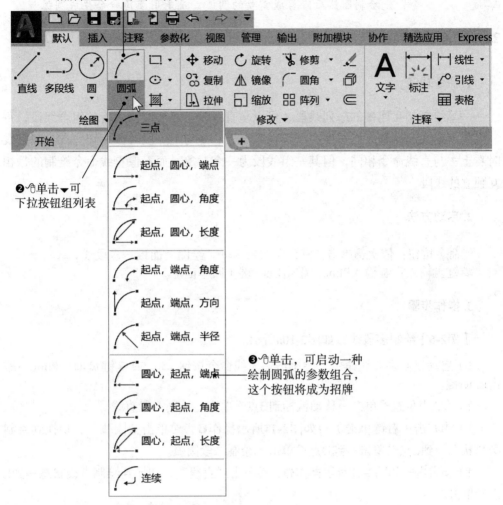

图2-8　绘制圆弧命令按钮组

【例2-5】使用三点弧命令绘制圆弧，如图2-9所示。

1）单击命令按钮启动三点弧命令，如图2-8所示❶。

2）单击A点或输入该点坐标，如图2-9所示。

3）单击B点或输入该点坐标。

4）单击C点或输入该点坐标。

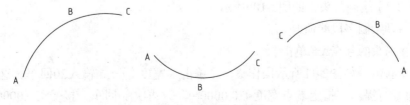

图2-9　绘制三点圆弧

绘图时直接绘制圆弧不一定满足条件，可以利用将要学习的命令，先绘制圆然后修剪成需要的圆弧，或是用圆角命令生成圆弧。

2.2.3 多段线Pline

1. 命令功能

一笔绘制相互连接的序列线段，可以是直线段、弧线段或两者的组合线段，每一段均可定义起点和终点宽度，圆弧在起点处总是与上一段对象相切。在只画直线时看上去与直线命令相同，但其一组线段为一个对象，而不像直线命令绘制的是相互独立的线段。

2. 启动方法

👆命令按钮：依次👆单击"默认"选项卡→"绘图"面板→多段线 ⌐⌐⌐⌐。
⌨键盘输入：⌨输入Pline→敲击Enter键（回车键）。

3. 操作步骤

【例2-6】绘制多段线，如图2-10a所示。

1）启动绘制多段线命令，👆单击多段线命令按钮 ⌐⌐⌐⌐或⌨键盘输入Pline→敲击Enter键。

2）在A点位置👆单击→移动鼠标到B点👆单击，绘制一段直线。

3）👆右击（右键单击）→如图2-11所示操作❶，👆单击"圆弧"，切换到绘制圆弧状态→到C点👆单击→到D点👆单击，绘制二段圆弧。

4）👆右击→如图2-11所示操作❷，👆单击"直线"，切换到绘制直线状态→到E点👆单击。

5）👆右击→如图2-11所示操作❶，👆单击"圆弧"→到F点👆单击。

6）👆右击→如图2-11所示操作❷，👆单击"直线"。

7）👆右击→如图2-11所示操作❸，👆单击"闭合"，多段线首尾相连闭合。

多段线并不是绘制直线段与弧线段组合图形的唯一方法，难度太大的图形用直线、圆弧两个命令分别绘制更容易些，但一笔画成的闭合多段线对计算面积和图案填充更有利。

【例2-7】绘制箭头，如图2-10b所示。

1）启动绘制多段线命令。

2）在箭头的起点A👆单击。

3）👆右击→如图2-11所示操作❹，👆单击"宽度"→⌨输入20回车，这是A点宽度→命令行提示"指定端点宽度<20.0000>:"，再次⌨回车，接受<20.0000>中的起点宽度值20作为端点宽度，即B点宽度。

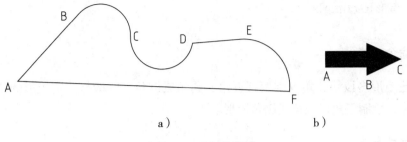

图2-10　绘制多段线

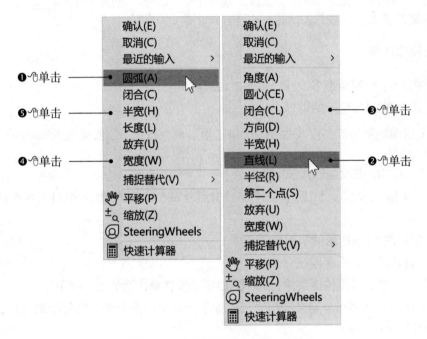

图2-11　绘制多段线时的右键菜单

4）移动鼠标到B点🖱单击。

5）🖱右击→如图2-11所示操作❺，🖱单击"半宽"→⌨输入25回车，这是B点的半宽→⌨输入0回车，这是C点半宽。

6）到C点🖱单击。

7）右击→单击"确认"。

　　　　　　在AutoCAD命令执行过程中，命令行提示< >中包括的数值是当前的默认值，可直接⌨回车接受默认值，也可⌨输入新的数值⌨回车。如步骤3）中，命令行提示"指定端点宽度<20.0000>:"，直接⌨回车接受<20.0000>中包括的默认值20.0000。

　　绘制箭头时需要配合使用正交或极轴追踪，可参见2.3.2正交与极轴追踪，这是因为ABC三点应沿一条直线走，夹角超过一定值后不满足形成条件，绘制的箭头形状怪异。输入的线宽值相对于绘图区范围过大或过小时都看不到箭头。

2.2.4 矩形Rectangle

1. 命令功能

创建矩形多段线，角点类型有直角、圆角或倒角。一般是给定矩形的两个对角点的坐标，绘制直角、圆角或倒角矩形。

2. 启动方法

命令按钮：依次单击"默认"选项卡→"绘图"面板→矩形▢。
键盘输入：输入Rectang→敲击Enter键（回车键）。

3. 操作步骤

【例2-8】绘制矩形多段线，如图2-12所示。

绘制如图2-12a所示的矩形。

1）启动绘制矩形多段线命令，单击矩形命令按钮▢或输入Rectang→敲击Enter键。

2）单击A点或输入该点坐标。

3）输入@50，50回车或单击B点（@50，50是B点相对于A点的直角坐标）。

绘制如图2-12b所示的矩形。

1）启动绘制矩形多段线命令。

2）右击，弹出快捷菜单，如图2-13所示操作❶，单击"圆角"。

3）输入10回车（定义圆角半径，如果要取消圆角定义，恢复绘制直角，可在这一步输入0回车）。

4）单击C点或输入该点坐标。

5）输入@100，−50回车或单击D点。

绘制如图2-12c所示的矩形。

1）启动绘制矩形多段线命令。

2）右击，如图2-13所示操作❷，单击"倒角"。

3）输入5回车5回车（定义第一倒角距离和第二倒角距离，两个距离可以不相等，如果要取消倒角定义，恢复绘制直角，可在这一步输入0回车0回车）。

4）单击E点或输入该点坐标。

5）输入@50，50回车或单击F点。

　　　　　　圆角和倒角有时画不出来，可能是圆角半径或倒角距离相对于边长来讲数值过大或过小。数值过大不符合绘制条件，绘制出直角矩形；数值过小命令会忠实执行但却看不出来，可以想象在排球场地的角上有5mm的圆角或倒角，你站在裁判的位置上也许要拿望远镜才能看得到。

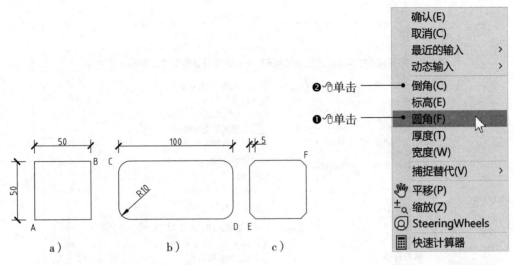

图2-12　绘制矩形多段线　　　　　　　　　　图2-13　绘制矩形时的右键菜单

2.3　绘图辅助工具

绘图辅助工具是限制或锁定光标移动的一组工具，包括捕捉、极轴追踪、对象捕捉等工具，可以简化点的坐标输入，提高绘图效率。绘图辅助工具不是绘图必需的，画辅助线等手工制图的方法可以替代，开始学习时经常忘了使用这些工具是正常的。工具按钮显示在屏幕底部的状态栏中，如图1-14状态栏所示，单击一个工具按钮可开/关此项功能，右击工具按钮→单击"设置"弹出设置对话框，可以进行相关设置。在键盘上直接输入点的坐标值时优先于辅助绘图工具的定位。

　　　　状态栏中的工具按钮有"开/关"两种状态，单击切换。"关"状态时工具按钮底色与状态栏一致。"开"状态时按钮底色与状态栏有反差，在AutoCAD 2021中，按钮底色呈浅蓝色，如果选用明亮颜色主题，按钮有边框。

2.3.1　栅格和捕捉

栅格默认处于开启状态，绘图区的背景呈现方格纸一样的网格，如图2-14所示，网格的作用与在方格纸上手绘图时方格的作用相同。

捕捉有栅格、等轴测、极轴捕捉三种类型，默认是栅格捕捉，处于关闭状态，单击捕捉按钮 ⠿ 开启栅格捕捉，移动鼠标时会发现光标一跳一跳的，只能停留在栅格点上，斜向移动鼠标时更容易观察到跳跃。右击捕捉按钮 ⠿ ，单击"捕捉设置"，如图2-14所示操作❶❷，弹出"草图设置"对话框（多个绘图辅助工具共用这个对话框），可设置栅格间距、捕捉间距、切换捕捉类型等，如图2-14所示操作❸❹。

图2-14　栅格和捕捉

 栅格和捕捉这一对工具的主要作用是绘制草图时辅助定位，抄绘已有的手工图纸时作用不大。捕捉与2.3.3对象捕捉极易混淆，对象捕捉更为常用，多数情况下说"捕捉"时是指的"对象捕捉"。

2.3.2　正交与极轴追踪

正交将光标限制在水平或垂直方向上移动，方向限定在X、Y轴上，即0、90、180、270四个角度上，如果在直线命令下用单击鼠标取点则画出的线"横平竖直"没有斜线。单击正交按钮可开启或关闭正交模式，如图2-15所示操作❶。

极轴追踪是非限制性的，光标可以按指定角度进行移动，也可以在其他的角度方向上单击取点。指定角度可以是一组增量角，如增量角30°，则光标停留在0、30、60……等30的倍数角度附近时，出现虚线对齐路径与提示，如图2-16所示。指定角度也可以是单一的附加角，如68°角，附加角与增量角不同，附加角仅这一个角度可以使用极轴追踪，而其倍数角并无作用。

极轴追踪的设置方法。选择预设的增量角度组5、10、15……等角度，可以单击极轴追踪按钮右侧的▼，在弹出的列表中单击选择一个增量角度组，如："30，60，90，120…"，如图2-15所示操作❷❸。如果需要自定义一组增量角度，可在弹出的列表中单击"追踪设置"，打开"极轴追踪"设置对话框，在对话框中输入增量角度，如图2-15所示操作❹。如果要自定义一个单一的附加角，可在"极轴追踪"设置对话框中输入，如图2-15所示操作❺❻。单击极轴按钮可关闭或打开极轴追踪。

正交与极轴不可能同时打开，打开正交则极轴自动关闭，反之亦然。

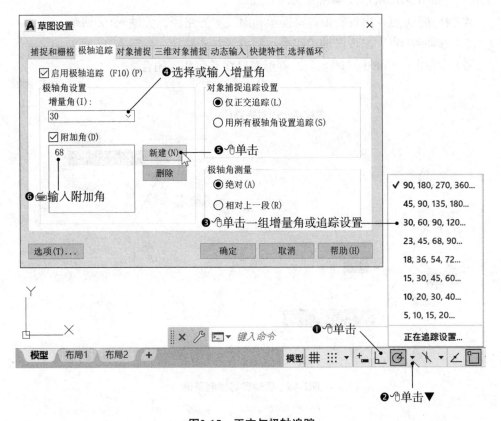

图2-15　正交与极轴追踪

【例2-9】使用正交模式，用多段线命令绘制矩形，如【例2-3】中图2-4所示。

1）开启正交模式，如果正交处于关闭状态，单击正交按钮开启，如图2-15所示操作❶。

2）启动绘制多段线命令，单击多段线命令按钮，可参见2.2.3多段线。

3）输入100，100回车（A点的绝对直角坐标）。

4）移动鼠标指向B点方向，指示正交追踪的路径→输入100回车。

5）移动鼠标指向C点方向→输入50回车。

6）移动鼠标指向D点方向→输入100回车。

7）ᴖ右击，ᴖ单击"闭合"，矩形多段线首尾相连闭合。

【例2-10】使用极轴追踪，增量角30°，用多段线命令绘制一个边长100的菱形，如图2-16所示。

1）打开极轴追踪，选择预设的增量角30°。如果极轴处于关闭状态，ᴖ单击极轴按钮 ᴳ 打开 ᴳ。ᴖ单击极轴按钮 ᴳ 右侧的 ▼，在弹出的列表中ᴖ单击选择预设的增量角度组"30，60，90，120…"，如图2-15所示操作❷❸。

2）启动绘制多段线命令，ᴖ单击多段线命令按钮 ⌐⌐。

3）在A点ᴖ单击，移动光标到B点，以A点为轴弧形摆动，出现极轴追踪虚线对齐路径，如图2-16a所示，⌨输入100回车。

4）移动到C点，出现极轴追踪提示和虚线对齐路径，⌨输入100回车。

5）移动到D点，出现极轴追踪提示和虚线对齐路径，⌨输入100回车。

6）ᴖ右击，ᴖ单击"闭合"，菱形多段线首尾相连闭合。

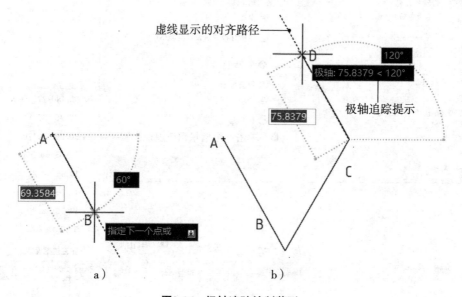

图2-16 极轴追踪绘制菱形

2.3.3 对象捕捉

在命令执行过程中，每次提示输入点坐标时，使用对象捕捉可以获取已有图形对象的几何特征点坐标，以取代点坐标的计算和手工输入。

1. 持续对象捕捉的开关和设置

持续对象捕捉又称为执行对象捕捉，默认情况下处于开启状态，可反复捕捉设置的图形对象几何特征点。在命令执行过程中，每次提示输入点坐标时，当光标移动到图形对象的对象捕捉位置时，将显示对象捕捉标记和提示，此功能称为自动捕捉（AutoSnap），ᴖ单击可获取该点坐标。ᴖ单击状态栏中的对象捕捉按钮，可启用或禁用□持续对象捕捉，如图2-17所示操作❶。🖰单击对象捕捉按钮□右侧的▼，向上弹出可捕捉的几何特征点列表，🖰单击勾选需要捕捉的几何特征点，如图2-17所示操作❷❸。

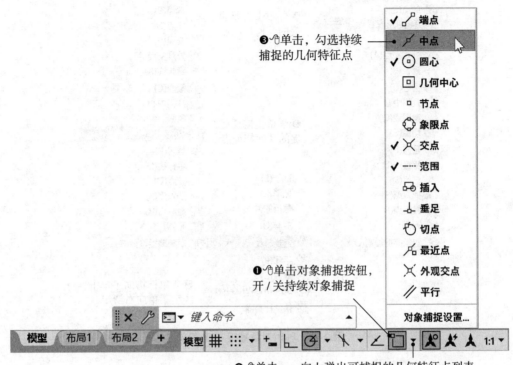

图2-17　持续对象捕捉

持续对象捕捉，如果勾选多个几何特征点，则光标移动到某个位置可能有多个对象捕捉符合条件，可⌨敲击 Tab 键在几何特征点间切换，也可以设置时仅勾选特征点之一减少歧义。如光标靠近圆、圆弧时难以判断是要捕捉圆心、象限点、垂足、切点等几何特征点中的哪一个。

2. 临时对象捕捉的调用

临时对象捕捉调用一次只捕捉获取一个点的坐标就失效，用于在绘图过程中需要使用对象捕捉时才发现持续对象捕捉处于关闭状态。启动一个绘图命令，如启动绘制直线命令，提示输入第一个点坐标时调用临时对象捕捉的方法是：先⌨按住Shift键，在绘图区中🖰右击，弹出快捷菜单，在菜单中🖰单击需要捕捉的几何特征点，如图2-18所示操作❶，移动光标到图形对象的对象捕捉位置，将显示对象捕捉标记和提示，🖰单击可获取该点坐标；获取第二个点以后的点坐标调用临时对象捕捉的方法是：在绘图区中🖰右击，弹出快捷菜单，🖰鼠标指向菜单中的"捕捉替代"，滑出次级快捷菜单，在菜单中🖰单击需要捕捉的几何特征点，如图2-18所示操作❷❸。

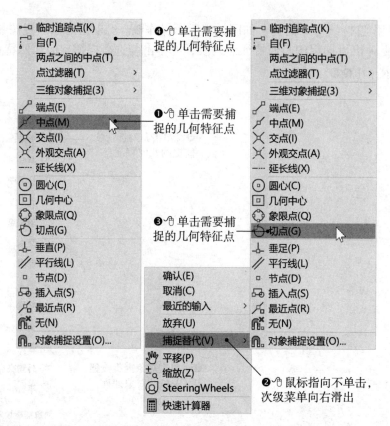

图2-18 临时对象捕捉右键菜单

3. 对象捕捉模式

临时追踪点。

捕捉自：获取一个点，已知该点与捕捉点的相对坐标。

端点（END）：图形对象的端点或角点。

中点（MID）：图形对象的中点。

交点（INT）：两个对象相交的点。

外观交点（APP）：在三维空间中不相交但在当前视图中看起来可能相交的两个对象的视觉交点。

范围、延长线（EXT）：直线、圆弧延长线上的点。

圆心（CEN）：圆、圆弧、椭圆、椭圆弧的圆心。

几何中心：捕捉到任意闭合多段线和样条曲线的质心。

象限点（QUA）：以圆心为原点画直角坐标系，圆/圆弧/椭圆/椭圆弧上与XY轴的交点。

切点（TAN）：圆弧、圆、椭圆、椭圆弧、多段线圆弧或样条曲线上与对象相切的点。

垂足（PER）：垂直于所选图形对象的点。

平行（PAR）：与指定线性对象平行。

插入点（INS）：文字、块、属性的插入点。

节点（NOD）：点对象、标注定义点或标注文字原点。

最近点（NEA）：图形对象上距离当前光标位置最近的点。

无捕捉：对当前的一次取点操作，禁止使用持续捕捉。

对象捕捉设置：对持续捕捉模式时可捕捉的特征点等进行设置。

【例2-11】用直线绘制图2-19a所示图形，持续捕捉端点、中点、垂足。

1）开启持续对象捕捉，勾选端点、中点、垂足，如图2-17所示操作。

2）开启正交模式，如果正交处于关闭状态，👆单击正交按钮👄开启👄，如图2-15所示操作❶。

3）启动绘制直线命令，依次👆单击"默认"选项卡→ "绘图"面板→直线 ╱ →在A点👆单击，移动光标到B点，👆单击或⌨输入100回车→⌨回车，结束直线命令，如图2-19b所示。

4）启动直线命令→移动光标到C点，出现中点捕捉标记和名称提示，如图2-19b所示，捕捉中点，👆单击→移动光标到D点，👆单击或⌨输入20回车→👆右击，👆单击"确认"，结束直线命令。

5）关闭正交模式，👆单击正交按钮👄关闭正交👄（对象捕捉时正交并不起作用，但拉出的橡筋线不正常）。

6）启动绘制直线命令→移动光标到A点，出现端点捕捉标记和名称提示，如图2-19c所示，捕捉端点，👆单击→移动光标到D点，捕捉端点，👆单击→移动光标到B点，捕捉端点，👆单击→结束直线命令。

7）启动绘制直线命令→捕捉C点，👆单击→移动光标到E点，捕捉中点，👆单击→移动光标到F点，出现垂足捕捉标记和名称提示，如图2-19d所示，捕捉垂足，👆单击→结束直线命令。

8）启动绘制直线命令→捕捉C点，👆单击→捕捉中点G，👆单击→捕捉垂足H，👆单击→结束直线命令。

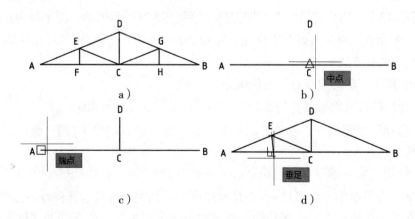

图2-19 端点、中点、垂足捕捉

【例2-12】绘制图2-20所示的直线段，持续捕捉象限点、垂足、圆心、切点，图2-20a是原图，图2-20b、图2-20c是完成图。

1）开启持续对象捕捉，如图2-17所示操作❶。

2）设置捕捉象限点，如图2-17所示操作❷❸，🖱单击✓选象限点。

3）启动绘制直线命令→捕捉象限点A，🖱单击→捕捉象限点B，🖱单击→⌨回车，结束直线命令。

4）设置捕捉垂足→启动绘制直线命令→捕捉垂足C点，🖱单击→捕捉垂足D点，🖱单击→🖱右击，🖱单击"确定"，结束直线命令。

5）设置捕捉圆心→启动绘制直线命令→捕捉圆心E点，🖱单击→捕捉圆心F点，🖱单击→结束直线命令。

6）设置捕捉切点→启动绘制直线命令→捕捉切点G，🖱单击→捕捉切点H，🖱单击→结束直线命令。

7）启动绘制直线命令→捕捉切点L，🖱单击→捕捉切点M，🖱单击→结束直线命令。

8）启动绘制直线命令→捕捉切点N，🖱单击→捕捉切点O，🖱单击→结束直线命令。

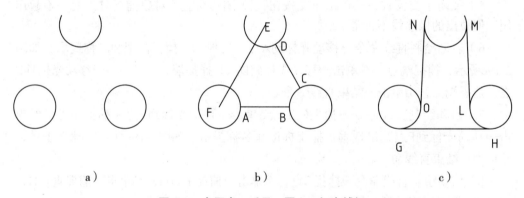

a)   b)   c)

图2-20　象限点、垂足、圆心、切点捕捉

【例2-13】使用临时追踪点、捕捉自，绘制图2-21所示的圆，圆半径为10，圆心距矩形左下角点A的距离如图中标注，矩形为原有图形，圆心定位可使用临时追踪点、捕捉自两种方法。

（1）使用"临时追踪点"定位圆心

1）开启持续对象捕捉，勾选端点、延伸，如图2-17所示操作。

2）启动绘制圆命令，🖱单击圆命令按钮⊙或参见本书2.4.1圆，命令提示"指定圆的圆心"。

3）使用"临时追踪点"定位圆心，⌨按住Shift键，在绘图区中🖱右击，弹出快捷菜单，在菜单中🖱单击"⊶临时追踪点"，如图2-18所示操作❹→捕捉A点，不要🖱单击，在捕捉点上停靠几秒，会显示出一个"＋"，向左移动光标引出一条虚线路径，⌨输入30回车，这个点上会显示出一个"+"→沿该点向下移动光标引出一条虚线路径，⌨输入20回车，定位圆心完成，如图2-21所示操作。

4）⌨输入圆半径10回车。

（2）使用"捕捉自"定位圆心

1）开启持续对象捕捉，勾选端点。

2）启动绘制圆命令，🖱单击圆命令按钮（⊙），命令提示"指定圆的圆心"。

3）使用"捕捉自"定位圆心，⌨按住Shift 键，在绘图区中🖱右击，弹出快捷菜单，在菜单中🖱单击"⌐ 自"，如图2-18所示操作❹→捕捉A点，🖱单击→⌨输入@-30，-20（相对于A点的相对直角坐标）回车，定位圆心完成。

4）⌨输入圆半径10回车。

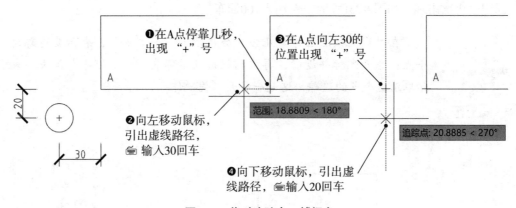

图2-21　临时追踪点、捕捉自

2.3.4　对象捕捉追踪

使用对象捕捉追踪，在命令中指定点时，光标可以沿基于当前对象捕捉模式的对齐路径进行追踪。在对象捕捉一个点后，沿一条对齐路径前进给定长度定位一个点，或是由两条对齐路径的交点确定一个点的坐标。对齐路径是捕捉对象端点后沿端点延伸方向引出，或是捕捉对象几何特征点后沿正交或极轴方向引出的指示方向的虚线。对象捕捉追踪可以与极轴追踪、正交追踪配合使用，使用对象追踪需要开启持续对象捕捉，关闭动态输入。

【例2-14】使用对象捕捉追踪绘制多段线，如图2-22所示的虚线图形，周围实线图形为已有图形，本例绘制出的多段线是实线，图中用虚线表示是为了与已有图形区分。其中H点是弧AB的圆心，I点是沿B点弧线延长50的点，J点是矩形底边中点向下距离30的点，K点是矩形右下角D向下方路径与圆心E向左方路径的交点，直线段KL是FG的平行线，长度100。

1）对象捕捉、追踪设置：开启持续对象捕捉，勾选端点、中点、圆心、交点、范围、平行六种几何特征点，开启对象捕捉追踪、极轴追踪，关闭动态输入，如

图2-22所示。

2）启动绘制多段线命令→捕捉圆心H点，🖱单击，如图2-23a所示→捕捉B点，在B点上停靠几秒，会显示出一个"＋"表示可以引出对象追踪路径→沿AB弧线方向移动鼠标，引出延长路径虚线和提示，如图2-23b所示→⌨输入50回车。

3）捕捉中点C，停靠几秒，等待显示"＋"→向下移动光标出现由C点引出的极轴路径虚线和提示，如图2-23c所示→⌨输入30回车。

4）捕捉端点D，停靠几秒，等待显示"＋"→捕捉圆心E，停靠几秒，等待显示"＋"，沿路径虚线向左移动光标，接近与D点向下路径交点时两条路径虚线同时出现，如图2-23d所示→🖱单击。

5）移动光标到直线段FG上，等待出现平行捕捉标记，如图2-23e所示，向左上方移动光标到与FG达到平行时显示平行追踪路径虚线和提示，这时FG上的平行捕捉标记会再次出现，如图2-23f所示→⌨输入100回车。

 在对象捕捉点上停靠几秒，会显示出一个"＋"，表示要追踪这个点；移开光标并返回，再次捕捉该点后停靠几秒，"＋"消失，表示取消这个点的追踪，这是一种开/关操作。

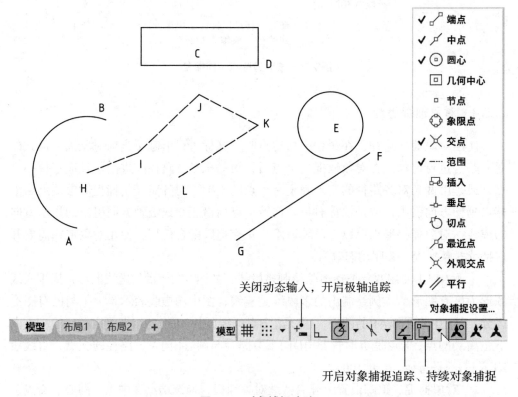

图2-22 对象捕捉追踪

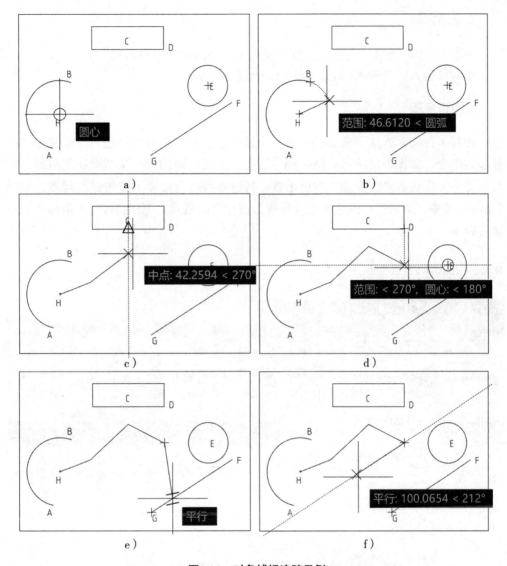

图2-23　对象捕捉追踪示例

2.4　绘制几何图形（二）

2.4.1　圆Circle

1. 命令功能

使用多种方法创建圆，默认方法是指定圆心和半径，可以指定圆心、半径、直径、圆周上的点和其他对象上的点的不同参数组合。

2. 启动方法

⚲命令按钮：依次⚲单击"默认"选项卡→"绘图"面板→圆⊙。
⌨键盘输入：⌨输入Circle→敲击Enter键（回车键）。

3. 操作步骤

圆有多种绘制方法，命令按钮是一个按钮组，其中的每个按钮对应绘制圆的一种参数组合，如图2-24所示。第一种"圆心、半径"圆的命令按钮默认是招牌，可直接⚲单击按钮启动，如图2-24所示❶。其他参数组合需要下拉按钮组列表，如图2-24所示❷❸，最后执行的这种组合将成为按钮组的招牌，下次直接⚲单击命令按钮即可启动。

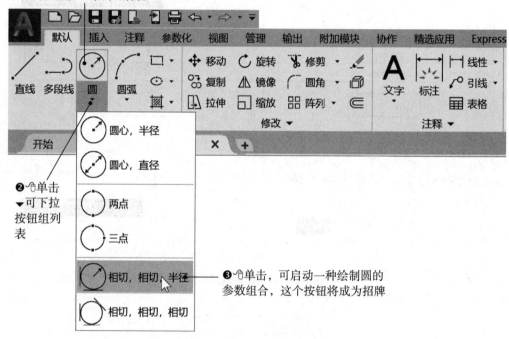

图2-24　绘制圆命令按钮组

【例2-15】绘制圆，如图2-25所示，虚线表示预先绘制的辅助直线，练习时预先绘制一条相似的实线即可。

1）启用持续对象捕捉，勾选端点、切点，如图2-17所示操作。

2）启动绘制圆命令，⚲单击"圆心、半径"圆命令按钮⊙→命令提示"指定圆的圆心"，捕捉A点，⚲单击→命令提示"指定圆的半径"，⌨输入50回车。

3）启动"相切、相切、半径"圆命令，如图2-24所示操作❷❸→捕捉J点，⚲单击→捕捉I点，⚲单击→⌨输入20回车。

4）启动"相切、相切、相切"圆命令，参照图2-24所示操作❷❸，在步骤❸ 🖰单击"相切、相切、相切"→捕捉B点，🖰单击→捕捉I点，🖰单击→捕捉H点，🖰单击。

5）启动"两点"圆命令，参照图2-24所示操作❷❸，在步骤❸🖰单击"两点"→捕捉D点，🖰单击→捕捉F点，🖰单击。

6）启动"相切、相切、相切"圆命令，参照图2-24所示操作❷❸，在步骤❸ 🖰单击"相切、相切、相切"→捕捉C点，🖰单击→捕捉E点，🖰单击→捕捉G点，🖰单击。

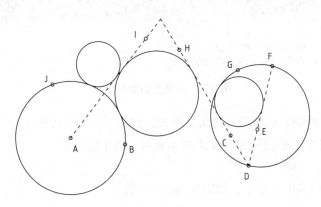

图2-25　绘制圆

2.4.2　正多边形Polygon

1. 命令功能

绘制多边形闭合多段线，是等边等角的正多边形，边数3～1024条，可绘制三角形、五边形、六边形等图形。

2. 启动方法

🖰命令按钮：依次🖰单击"默认"选项卡→"绘图"面板→多边形⬠。
⌨键盘输入：⌨输入Polygon→敲击Enter键（回车键）。

3. 操作步骤

绘制多边形与绘制矩形命令在一个按钮组中，绘制矩形命令是按钮组的招牌，启动绘制多边形命令需要下拉按钮组列表，如图2-26所示操作，最后执行的命令将成为按钮组的招牌，下次直接🖰单击命令按钮即可启动。多边形有两种绘制方法，一种是已知多边形的中心与内接圆或外切圆的半径；另一种是已知多边形一条边的长度和位置。

❶多边形按钮隐藏在矩形按钮组
中，🖰单击▾可下拉按钮组列表

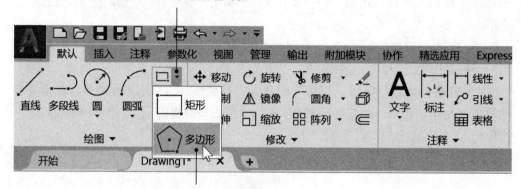

❷🖰单击，可启动绘制多边形
命令，这个按钮将成为招牌

图2-26　绘制多边形命令组

【例2-16】绘制六边形和八边形，如图2-27所示。图中虚线圆是一个虚拟的圆，其半径用来定义多边形的尺寸，虚线圆不显示，也不绘制出来。

（1）绘制六边形

1）启动绘制多边形命令，如图2-26所示操作。

2）⌨输入6回车（6条边）。

3）在A点🖰单击或⌨输入中心点坐标，如图2-27所示。

4）在动态输入快捷菜单中，或🖰右击，弹出快捷菜单，🖰单击内接于圆或外切于圆，如图2-28所示操作❶。

5）在B点🖰单击或⌨输入50回车。

（2）绘制八边形

1）启动绘制多边形命令，🖰单击多边形命令按钮⬠。

2）⌨输入8回车（8条边）。

3）🖰右击，弹出快捷菜单，🖰单击"边"，如图2-28所示操作❷。

4）🖰单击C点或⌨输入该点坐标。

5）🖰单击D点或⌨输入该点坐标。

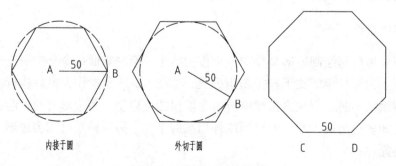

内接于圆　　　　　　　外切于圆　　　　　　　　C　　　D

图2-27　绘制多边形多段线

图2-28　绘制多边形右键菜单

2.4.3　椭圆、椭圆弧Ellipse

1. 命令功能

绘制椭圆和椭圆弧。

2. 启动方法

命令按钮：依次单击"默认"选项卡→"绘图"面板→椭圆⊙。

键盘输入：输入Ellipse→敲击Enter键（回车键）。

3. 操作步骤

绘制椭圆和椭圆弧命令的参数组合，如图2-29所示。默认的参数组合"圆心"椭圆是使用中心点、第一个轴的端点和第二个轴的半轴长度来创建椭圆。参数组合"轴、端点"是：第一个轴的两个端点、第二个轴的半轴长度。"椭圆弧"是：采用"轴、端点"绘制椭圆后，指定圆心角的起点角度、端点角度，在两点间逆时针绘制弧段。

【例2-17】绘制椭圆，如图2-30所示。

1）单击"圆心"椭圆⊙，如图2-29所示操作❶→单击A点→单击B点→单击C点或输入30回车。

2）单击"轴、端点"椭圆⊙，如图2-29所示操作❷❸，在步骤❸单击"轴、端点"→单击D点→单击E点→单击F点或输入20回车。

【例2-18】绘制椭圆弧，如图2-31所示。

1）单击椭圆弧⊙，如图2-29所示操作❷❸→单击A点→单击B点→单击C点或输入30回车。

2）移动光标，将橡筋线引到D点，单击，确定椭圆弧起始角度。

3）移动光标，将橡筋线引到E点，单击，确定椭圆弧终止角度。

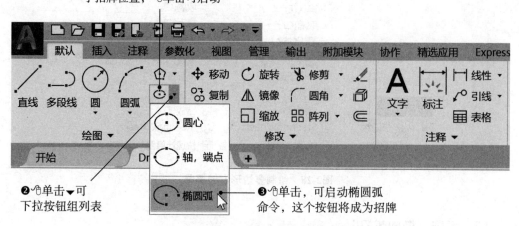

图2-29　绘制椭圆和椭圆弧

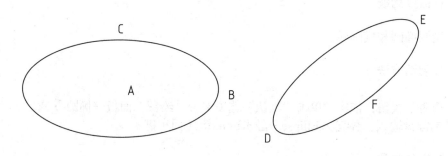

图2-30　绘制椭圆

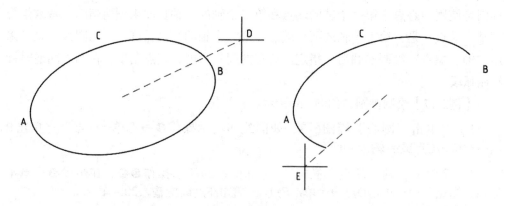

图2-31　绘制椭圆弧

2.4.4　滑出式绘图面板

使用频率较低的绘图命令，图标按钮收纳在"绘图"面板中，启动命令时需要先🖱单击"绘图"右侧的面板展开器▼将面板向下滑出展开，鼠标移出面板后滑出式面板将自动关闭。🖱单击滑出式面板左下角的图钉图标，可固定滑出式面板，再次🖱单击可取消固定，如图2-32所示操作❶❷。

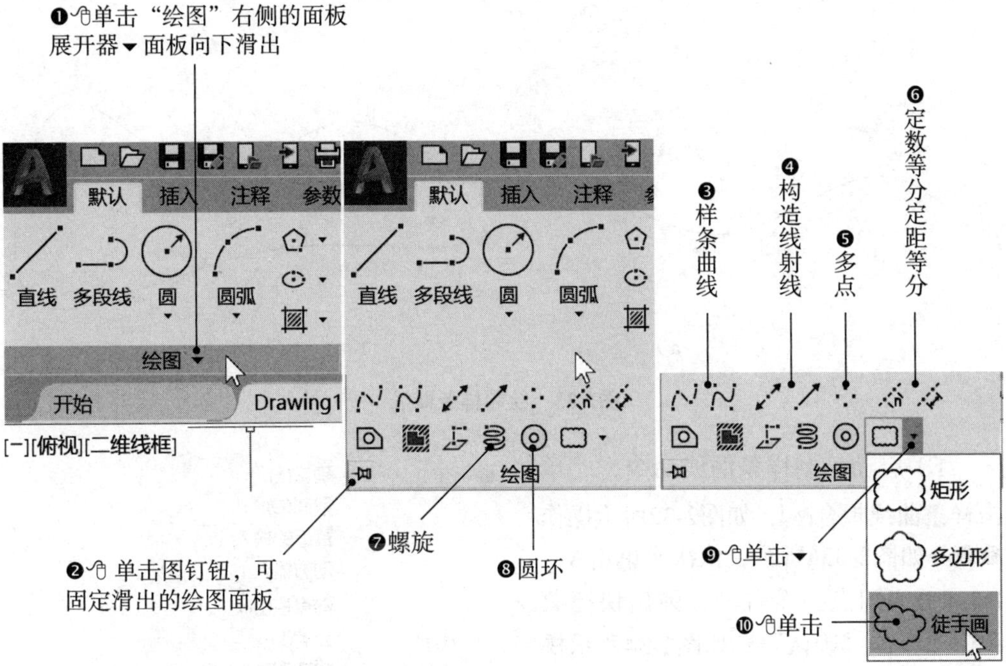

图2-32 绘图面板滑出展开

2.4.5 样条曲线Spline

1. 命令功能

创建称为非均匀有理 B 样条曲线（NURBS）的平滑曲线，简称为样条曲线。样条曲线使用拟合点或控制点定义，样条曲线贯穿拟合点，而控制点游离在外拉扯样条曲线的形状。拟合点创建 3 阶（三次方）B 样条曲线，控制点可创建最高为 10 阶的样条曲线，移动拟合点调整样条曲线的形状易于操控视觉上比较直接，移动控制点调整样条曲线的形状效果更好。样条曲线可用于创建自由的平滑曲线，例如绿地、水面、游步道等。

2. 启动方法

🖱命令按钮：依次🖱单击"默认"选项卡→"绘图"面板→样条曲线〜，如图2-32所示操作❶❸。

⌨键盘输入：⌨输入Spline→敲击Enter键（回车键）。

3. 操作步骤

绘制样条曲线有拟合点⌒、控制点⌒两种创建方法。

【例2-19】绘制样条曲线，如图2-33所示。

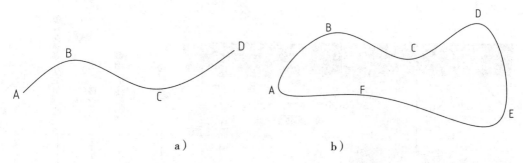

a)　　　　　　　　　　b)

图2-33　绘制样条曲线

1）启动绘制样条曲线命令，单击样条曲线拟合⌒，如图2-32所示操作❶❸→如图2-33a所示，依次单击A、B、C、D四点→右击，弹出快捷菜单，单击"确认"，如图2-34所示操作❶。

2）再次启动绘制样条曲线命令→如图2-33b所示，依次单击A、B、C、D、E、F五点→右击，弹出快捷菜单→单击"闭合"，如图2-34所示操作❷。

图2-34　绘制样条曲线右键菜单

2.4.6　构造线Xline、射线Ray

1. 命令功能

构造线绘制无限长的直线，射线绘制从起点向外无限延伸的直线，一般用作其他对象的参照。

2. 启动方法

命令按钮：依次单击"默认"选项卡→"绘图"面板→构造线或射线，如图2-32所示操作❶❹。

键盘输入：输入Xline或Ray→敲击Enter键（回车键）。

3. 操作步骤

【例2-20】绘制构造线，如图2-35a所示，图中A、B、C指示的是3个点的大概位置，绘图时自定。

（1）绘制分别经过AB、AC的2条构造线

1）启动绘制构造线命令，依次🖱单击"默认"选项卡→"绘图"面板展开→构造线 ↗，如图2-32所示操作❶❹。

2）🖱单击A点或⌨输入该点坐标。

3）🖱单击B点或⌨输入该点坐标。

4）🖱单击C点或⌨输入该点坐标。

……

5）🖱右击，命令结束。

（2）绘制水平构造线

启动绘制构造线命令→在绘图区中🖱右击，弹出快捷菜单，🖱单击"水平"，如图2-35b所示操作❶→🖱单击A点→🖱右击，命令结束。.

（3）绘制垂直构造线

启动绘制构造线命令→在绘图区中🖱右击，在右键快捷菜单中🖱单击"垂直"，如图2-35b所示操作❶→🖱单击A点→🖱右击，命令结束。

（4）绘制角BAC的二等分线

1）开启持续对象捕捉，勾选交点、最近点，如图2-17所示操作。

2）启动绘制构造线命令→在绘图区中🖱右击，在右键快捷菜单中🖱单击"二等分"，如图2-35b所示操作❷→捕捉A点，🖱单击→捕捉"最近点"B点，🖱单击→捕捉"最近点"C点，🖱单击→🖱右击，命令结束。

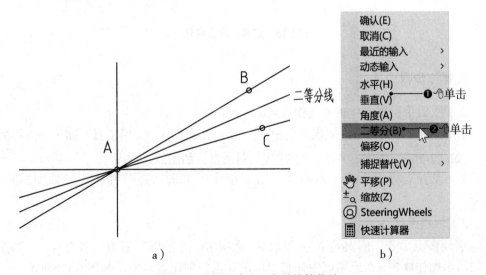

a)　　　　　　　　　　　　　　　　b)

图2-35　绘制构造线、右键快捷菜单

2.4.7 创建点对象

1. 命令功能

多点（Point）命令用来创建多个或单个点对象。定数等分（Divide）命令沿对象的长度等间隔创建点对象。定距等分（Measure）命令沿对象的长度按测定间隔创建点对象。点样式（Ptype）命令设置点的样式和大小。创建的点对象用于指定某一点的位置，对象捕捉时作为"节点"被捕捉。

2. 启动方法

命令按钮：依次单击"默认"选项卡→"绘图"面板→多点 ⋰、定数等分⋏、定距等分⋏，如图2-32所示操作❶❺❻。点样式：依次单击"默认"选项卡→"实用工具"面板→点样式 ⋰，如图2-36所示操作。

键盘输入：输入Point或Divide、Measure、Ptype命令之一→敲击Enter键（回车键）。

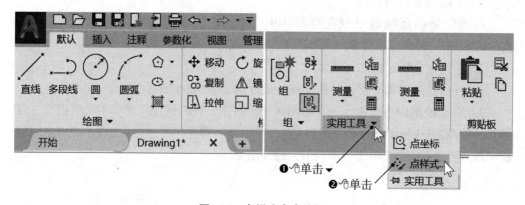

图2-36 点样式命令按钮

3. 操作步骤

【例2-21】设置点样式，创建点对象，如图2-37所示。

1）启动点样式命令：依次单击"默认"选项卡→"实用工具"面板→点样式 ⋰，如图2-36所示操作，弹出"点样式"对话框，如图2-37a所示。

2）设置点样式，在"点样式"对话框中单击选择一种样式，如图2-37a所示。

3）创建点对象。

启动多点命令：依次单击"默认"选项卡→"绘图"面板→多点 ⋰，如图2-32所示操作❶❺→在绘图区中任意单击几点，创建点对象，如图2-37b所示→敲击Escape 键 Esc 中止多点命令（默认为持续绘制多点，只有Escape键 Esc 能结束画点）。

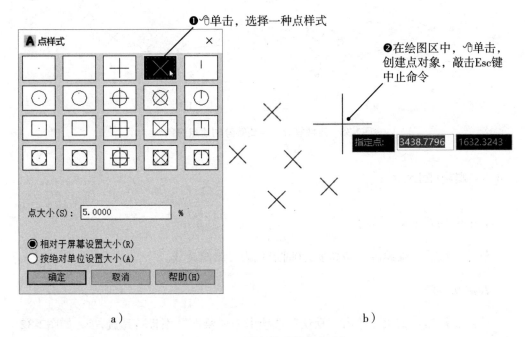

图2-37　设置点样式创建点对象

【例2-22】用定数等分三等分角∠CAB，如图2-38a所示，图中虚线为绘制的辅助线。

1）以角顶点A为圆心绘制一个圆弧BC，或绘制一个圆后修剪掉多余部分。

打开端点、交点捕捉→启动圆心、起点、端点圆弧绘制命令，如图2-8所示❷❸，捕捉端点A、B、捕捉交点C绘制圆弧。

2）定数等分创建圆弧的三等分点。

启动定数等分命令：依次👆单击"默认"选项卡→"绘图"面板→定数等分，如图2-32所示操作❶❻→👆单击选中弧BC→⌨输入3回车（曲线分为3段，共放置2个点）。

3）启用直线命令绘制角等分线，参见2.2.1直线。

【例2-23】用定距等分沿样条曲线间距30放置定位点，如图2-38b所示。练习时可依据你绘制的样条曲线的长度调整间距数值。

启动定距等分命令：依次👆单击"默认"选项卡→"绘图"面板→定距等分，如图2-32所示操作❶❻→👆单击选中样条曲线（以中点为界，选中时单击的点距哪一端的距离近，就从那一端开始量测间距）→⌨输入30回车。

定数等分、定距等分常用于沿园路等曲线对象，放置坐凳、果皮箱、树木栽植点等定位点，距离是按照曲线长度计算的，被等分对象并没有任何变化。

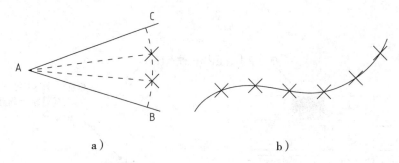

a）   b）

图2-38   定数等分、定距等分创建点对象

2.4.8   螺旋Helix

1. 命令功能

创建二维或三维螺旋，在高度为0时退化为二维螺旋线。

2. 启动方法

☝命令按钮：依次☝单击"默认"选项卡→"绘图"面板→螺旋，如图2-32所示操作❶❼。

⌨键盘输入：⌨输入Helix→敲击Enter键（回车键）。

3. 操作步骤

【例2-24】绘制螺旋线，如图2-39所示。

绘制图2-39a所示的螺旋。

1）启动螺旋命令：依次☝单击"默认"选项卡→"绘图"面板→螺旋。

2）命令行提示"指定底面的中心点："☝单击一点作为中心点。

3）提示"指定底面半径或［直径（D）］："⌨输入600回车。

4）提示"指定顶面半径或［直径（D）］："⌨输入0回车。

5）提示"指定螺旋高度或［轴端点（A）/圈数（T）/圈高（H）/扭曲（W）］"⌨输入0回车。

绘制图2-39b所示的螺旋。

6）再次启动螺旋命令，仿照步骤2）3）4）重复做一遍。

7）改变螺旋圈数：提示"指定螺旋高度或［轴端点（A）/圈数（T）/圈高（H）/扭曲（W）］"，☝右击，弹出快捷菜单，☝单击"圈数（T）"，如图2-39c所示操作❶输入5回车。

8）改变螺旋的扭曲方向：提示"指定螺旋高度或［轴端点（A）/圈数（T）/圈高（H）/扭曲（W）］"，☝右击，弹出快捷菜单，☝单击"扭曲（W）"，弹出次级快捷菜单，☝单击"顺时针（CW）"，如图2-39c所示操作❷❸。

9）提示"指定螺旋高度或［轴端点（A）/圈数（T）/圈高（H）/扭曲（W）］"⌨输入0回车。

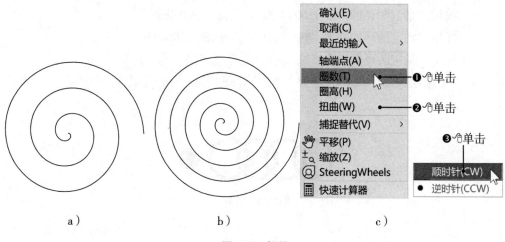

图2-39 螺旋

2.4.9 圆环Donut

1. 命令功能

创建圆环或实心圆。圆环由两条圆弧多段线首尾相连形成，多段线的宽度由指定的内直径和外直径决定，如果将内径指定为0（零），则圆环将填充为实心圆。

2. 启动方法

🖱命令按钮：依次🖱单击"默认"选项卡→"绘图"面板→圆环◉，如图2-32所示操作❶❽。

⌨键盘输入：⌨输入Donut→敲击Enter键（回车键）。

3. 操作步骤

【例2-25】绘制圆环和实心圆，如图2-40所示。

1）启动绘制圆环命令：🖱单击圆环命令按钮◉，如图2-32所示操作❶❽，或⌨输入Donut回车。

2）命令行提示"指定圆环的内径<0.5000>："⌨输入500回车。

3）提示"指定圆环的外径<1.0000>："⌨输入600回车。

4）提示"指定圆环的中心点或<退出>："依次向右🖱单击4次。为了排列均匀整齐，定位后一个圆环时可捕捉前一个圆环的圆心，使用正交/极轴追踪，向右400定位。

5）结束绘制圆环命令，提示"指定圆环的中心点或<退出>："⊖右击，接受默认<退出>。

6）再次启动绘制圆环命令。

7）提示"指定圆环的内径<500.0000>："⌨输入0回车。

8）提示"指定圆环的外径<600.0000>："⌨输入300回车。

9）提示"指定圆环的中心点或<退出>："⊖单击一点定位。

10）结束绘制圆环命令，提示"指定圆环的中心点或<退出>："⊖右击，结果如图2-40所示。

图2-40　圆环

2.4.10　修订云线Revcloud

1. 命令功能

用于创建或修改修订云线，修订云线是由连续圆弧组成的多段线，用来构成云朵形状的对象。可以直接绘制修订云线，也可以将圆、椭圆、多段线、样条曲线等对象转换为修订云线。在新建的图形文件中，首次绘制修订云线时，弧长的初始值取决于当前视图的对角线长度的百分比，修订云线绘制后弧长可以在"特性"选项板中修改。修订云线用于设计师在查看图纸时红线圈阅图形区域，提示这个区域需要注意或修改，园林图中可用来绘制树丛和灌木丛的外缘线。

2. 启动方法

⊖命令按钮：依次⊖单击"默认"选项卡→"绘图"面板→徒手画🌧，如图2-32所示操作❶❾❿。

⌨键盘输入：⌨输入Revcloud→敲击Enter键（回车键）。

3. 操作步骤

【例2-26】绘制修订云线，如图2-41所示。

1）徒手绘制修订云线。

启动修订云线命令：依次⊖单击"默认"选项卡→"绘图"面板→徒手画🌧→在绘图区域中⊖单击一点作为起点，沿树丛外缘线移动光标绘出修订云线，光标再次靠近起点时自动闭合，命令结束。

2）在特性选项板修改弧长。

打开特性选项板，⊖单击已绘制的修订云线→⊖右击，弹出快捷菜单，⊖单击

"特性"，如图2-42所示操作❶，打开特性选项板如图2-42左图所示。

修改弧长，在弧长输入框中👆单击/👆双击→⌨输入新的弧长值回车，如：⌨输入66回车，如图2-42所示操作❷。

释放修订云线，👆右击，弹出快捷菜单，👆单击"全部不选"，或⌨敲击Escape键 Esc 。

3）反转修订云线凹凸。

再次启动修订云线命令：在绘图区域中👆右击，👆单击"重复REVCLOUD"，如图2-42所示操作❸→在绘图区域中👆右击，弹出快捷菜单，👆单击"对象"，如图2-42所示操作❹→👆单击需要反转凹凸的修订云线对象（或已绘制的多段线、样条曲线），弹出次级快捷菜单，👆单击"是"，如图2-42所示操作❺。

图2-41　修订云线

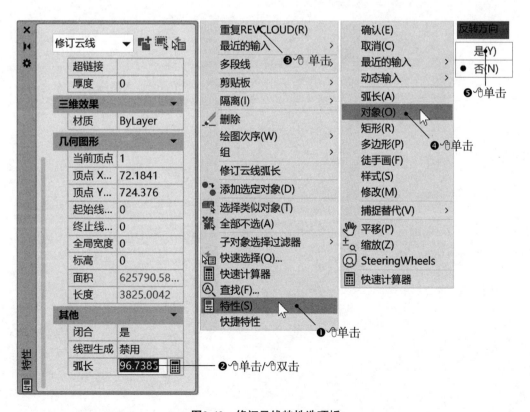

图2-42　修订云线特性选项板

思 考 题

1. AutoCAD中有哪几种坐标系统？坐标系与自然界方位的对应关系如何？
2. 点坐标的输入格式有哪些？
3. 绘制图形命令的一般操作流程？
4. 试比较直线与多段线的异同。
5. 如何打开和关闭（开启/禁用）绘图辅助工具？
6. 试比较正交与极轴有哪些异同？
7. 如何打开（开启）对象捕捉？已启用自动（持续）捕捉，在绘图区中移动鼠标时没出现对象捕捉标记是什么原因？
8. 对象追踪必须与哪种绘图辅助工具一起使用？
9. 如何打开和关闭（开启/禁用）动态输入？
10. 试比较样条曲线与多段线的异同。
11. 如何结束多点命令？这种方法是否也适用于中止其他命令？
12. 如何设置点样式？定数等分、定距等分后，被等分对象在等分点上断开了吗？

第3章　修改图形对象

3.1　选择图形对象

　　AutoCAD命令的操作过程一般是先发出要执行的命令，然后按照命令行的提示输入坐标数值或选择要操作的对象，⌨回车确认，命令执行，这种方式是AutoCAD标准的操作方式，适用于所有的命令操作。为了兼容Windows用户的操作习惯，部分命令也可以先选择被操作的对象，然后发出要执行的命令。选择集是指从绘图区中选择一个或多个对象构成的集合，选择集中的对象将执行同一命令操作，选择对象的方法如下：

1. 单击选择

　　移动鼠标，将方形拾取框光标移到待选择对象上时，该对象将亮显（线条加粗）。🖱单击该对象，该对象覆盖以透明蓝色显示，表示已被选中，如图3-1所示。继续🖱单击其他对象，可选择多个对象。先发命令与先选对象两种操作方式，拾取框的形态稍有不同。

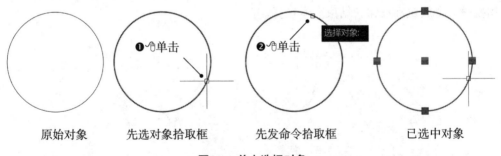

原始对象　　　　先选对象拾取框　　　　先发命令拾取框　　　　已选中对象

图3-1　单击选择对象

2. 窗口选择（Window）

　　如图3-2a所示，在绘图区左侧🖱单击一点A或D→移动鼠标到右侧一点C或B，这时在AC或DB两点间出现一个蓝色覆盖的透明矩形窗口，如图中虚线矩形围合区域，再次🖱单击，可将完全包围在蓝色窗口中的图形对象选中，图中小圆被选中。

3. 窗交选择（Crossing Window）

　　交叉窗选，如图3-2a所示，在绘图区右侧🖱单击一点B／C→移动鼠标到左侧一点D／A，这时在两点间出现一个绿色覆盖的透明矩形窗口，如图中虚线矩形围合区域，再次￼单击，可将绿色窗口完全包围及与该窗口相交的图形对象选中，图中所有图形对象被选中。

4. 栏选（Fence）

选择栏就像圈地的栅栏，在平面图中的外观类似于多段线，与选择栏相交的对象都会被选中，栏选仅适用于某些命令在执行过程中选择对象。在命令行"选择对象"提示下，￼输入F￼敲击Enter键（回车键）→依次￼单击若干个点指定选择栏→￼右击，弹出快捷菜单，￼单击"确认"，栏选结束。

【例3-1】删除图3-2b中的直线对象。

1）启动删除命令：依次￼单击"默认"选项卡→"修改"面板→删除 ✐。

2）启动栏选命令：￼输入F，￼回车或￼右击。

3）命令行提示"第一栏选点："，在绘图区中￼单击一点A→移动鼠标后￼单击第二点B，在两点间显示一条虚线，虚线穿越的图形对象颜色变淡→移动鼠标后￼单击第三点C →￼右击，弹出快捷菜单，￼单击"确认"，栏选结束，这时虚线穿过的对象均被选中。

4）结束选择对象，删除命令执行：￼右击或￼回车。

5. 套索选择

如图3-2下图所示，在绘图区域的空白处一点，￼按住鼠标左键拖动光标，套索圈绘出一个多边形区域→可以￼敲击空格键在"窗口/窗交/栏选"三种选择模式之间切换→￼释放鼠标按钮，结束套索选择。

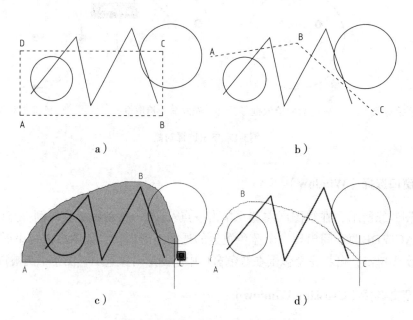

a)   b)

c)   d)

图3-2　窗选、窗交、栏选、套索

套索选择兼有 "窗口/窗交/栏选"三种对象选择模式，可以⌨敲击空格键在三种模式之间切换。默认从左向右拖动光标将选择套索完全围合的对象，如图3-2c所示，按照点ABC的顺序拖动，多边形区域覆盖透明蓝色，右侧的圆未被套索围合不被选中；从右向左拖动光标将选择套索完全围合及相交的对象，按照点CBA的顺序拖动，多边形区域覆盖透明绿色，所有对象被选中；⌨敲击空格键切换至"栏选"模式时，套索显示为一条手绘线，如图3-2d所示，套索穿过的直线被选中。

6. 反选择

把选中的对象从选择集中剔除。⌨按住shift键后，使用🖱单击、窗选、窗交等选择对象，则已选中的对象选择状态取消，从选择集中被剔除。

7. 全选

先发命令的操作方式：要选择图形中的所有对象，可在命令行提示"选择对象："时，⌨输入all，⌨回车或🖱右击。

先选择对象的操作方式：快捷键Ctrl + a，即⌨按住Ctrl键后，⌨敲击字母键a。或🖱单击"默认"选项卡→🖱单击"全部选择"按钮▨（实用工具面板中），如图1-17所示操作❶。

8. 全部不选

释放选择集，释放已选择的所有对象。⌨敲击两次Escape键▨，或在绘图区中🖱右击，弹出快捷菜单，🖱单击"全部不选"。

3.2 修改图形对象

图形修改是对现有图形对象的编辑操作，命令面板在"默认"选项卡中，如图3-3所示。修改面板中放置着移动、旋转、修剪、删除等命令按钮，🖱单击一个命令按钮可以启动这条命令，如图3-3所示操作❶将启动删除命令。有些命令2~3个编为一组共用一个按钮位置，🖱单击命令按钮组右端的下拉按钮▼，可以下拉展开这组命令，移动鼠标至展开的命令按钮上🖱单击可以启动这条命令，如图3-3所示操作❷❸将启动延伸命令。有些命令隐藏在滑出式面板中，🖱单击修改面板底部的下拉按钮▼，面板向下滑出，🖱单击滑出式面板左下角的图钉图标▨可固定滑出式面板，再次🖱单击图钉图标可解除固定，如图3-3所示操作❹❺，滑出式面板中的命令，🖱单击一个命令按钮可以启动这条命令，如图3-3所示操作❻将启动打断命令。

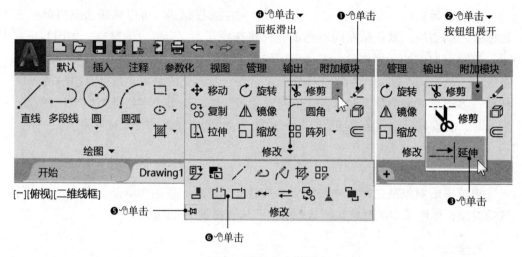

图3-3 修改命令面板

3.2.1 删除Erase

1. 命令功能

从图形中删除选定的对象，不会将对象移动到剪贴板。

2. 启动方法

命令按钮：依次单击"默认"选项卡→"修改"面板→删除 ，如图3-3所示操作❶。

键盘输入：输入Erase→敲击Enter键（回车键）。

3. 操作步骤

1）启动删除命令。

2）选择图形对象。

3）右击或回车（确认选择结束）。

【例3-2】删除已绘制的全部图形。

（1）先启动删除命令

1）启动删除命令：依次单击"默认"选项卡→"修改"面板→删除 ，或输入删除命令Erase，敲击Enter键（回车）。

2）选择全部图形对象：命令行提示"Erase选择对象:"，输入单词all，敲击Enter键（回车）确认选择对象结束。

3）删除命令执行：敲击Enter键（回车）。

（2）先选择对象

1）选择全部图形对象：Ctrl + A（按住Ctrl键后，敲击字母a），或依次

☝单击"默认"选项卡→"实用工具"面板→全部选择🔳，如图1-17所示操作❶。

2）启动并执行删除命令：☝单击删除命令按钮🖊。

3.2.2 移动Move

1. 命令功能

在指定方向上按指定距离移动对象，使用坐标、对象捕捉等工具可以精确移动对象。有两种方法指定移动距离：使用两点移动对象，指定移动基点，指定第二个点，选定的对象将移到由第一点和第二点间的方向和距离确定的新位置。使用位移移动对象，坐标值将用作相对位移，而不是基点位置。

2. 启动方法

☝命令按钮：依次☝单击"默认"选项卡→"修改"面板→移动✛，仿照图3-3所示操作❶。

⌨键盘输入：⌨输入Move→敲击Enter键（回车键）。

3. 操作步骤

【例3-3】如图3-4所示，图3-4a为原始图形，图3-4c为完成图。将矩形中心与圆心对齐，并距离圆左侧象限点50单位，此例可作为环形阵列前的对齐准备。

1）将矩形右侧长边中点对齐到圆左侧象限点。

绘制一个圆和矩形，如图3-4a所示→打开中点、象限点捕捉→启动移动命令，仿照图3-3所示操作❶→☝单击选中矩形，☝右击→捕捉矩形的右侧长边中点作为基点，☝单击→捕捉圆的左侧象限点为目标点，☝单击，结果如图3-4b所示。

2）使用两点移动对象，将矩形向左移动50单位。

再次启动移动命令，仿照图3-3所示操作❶，或☝右击，在弹出的快捷菜单顶行☝单击"重复移动"→☝单击选中矩形，☝右击。

☝单击任意点为移动基点→命令行提示"指定第二个点或<使用第一个点作为位移>"，⌨输入第二点相对坐标@50<180或@-50，0回车，或将极轴或正交追踪路径指向左方向⌨输入50回车。结果如图3-4c所示。

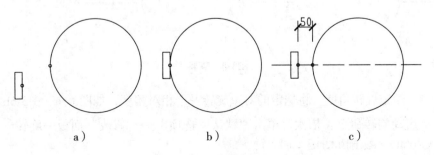

a）　　　　　　　　　　　b）　　　　　　　　　　　c）

图3-4　移动

3）使用位移移动对象，将矩形向左移动50单位。与上一步骤2）等效，二选一即可。

再次启动移动命令→🖰单击选中矩形，🖰右击。

输入位移（直角坐标值、极坐标值都可以，无需@符号），⌨输入坐标50<180或−50，0回车。

命令行提示"指定第二个点或<使用第一个点作为位移>"，⌨敲击 Enter 键。第一个点的坐标值将用作相对位移，而不是基点位置。

3.2.3　旋转Rotate

1. 命令功能

绕基点旋转对象，可以围绕基点将选定的对象旋转一个相对角度，或参照一个角度旋转到绝对角度。旋转轴通过指定的基点，并且平行于当前 UCS 的 Z 轴。开启复制选项，可以在旋转的同时创建选定对象的副本。

2. 启动方法

🖰命令按钮：依次🖰单击"默认"选项卡→"修改"面板→旋转↻，仿照图3-3所示操作❶。

⌨键盘输入：⌨输入Rotate→敲击Enter键（回车键）。

3. 操作步骤

【例3-4】如图3-5所示，给定旋转角度旋转对象或参照图形对象旋转对象，图3-5a为原始图形，图3-5b是将房屋以A点为轴顺时针旋转15°，图3-5c是将房屋以A点为轴参照斜线AC方向旋转至与斜线AC对齐。

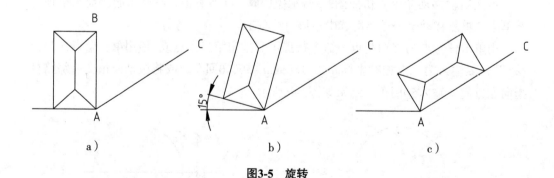

图3-5　旋转

（1）给定旋转角度，将选定的对象旋转一个相对角度，如图3-5a、图3-5b。

1）启动旋转命令：依次🖰单击"默认"选项卡→"修改"面板→旋转↻，或⌨输入Rotate→敲击Enter键（回车键）。

2）选择对象：窗口选择房屋，参见3.1中2.窗口选择，🖱右击结束选择对象。

3）指定基点：捕捉A点，🖱单击。

4）指定旋转角度：⌨输入-15回车。

（2）参照图形对象，将选定的对象旋转到一个绝对角度，如图3-5a、图3-5c。

1）启动旋转命令。

2）选择对象。

3）指定基点。

4）参照旋转：命令行提示"指定旋转角度，或［复制（C）/参照（R）］<0>:"，🖱右击，弹出快捷菜单，🖱单击"参照"，如图3-6所示❶操作→顺序捕捉🖱单击A、B、C三点。

图3-6　旋转、缩放右键菜单

3.2.4　复制Copy

1. 命令功能

在指定方向上按指定距离复制对象，使用坐标、栅格捕捉、对象捕捉和其他工具可以精确复制对象。

2. 启动方法

🖱命令按钮：依次🖱单击"默认"选项卡→"修改"面板→复制，仿照图3-3所示操作❶。

⌨键盘输入：⌨输入Copy→敲击Enter键（回车键）。

3. 操作步骤

【例3-5】如图3-7所示，位置A的树木符号为原始对象，其他的树木符号是复制命令创建的副本。

（1）复制创建树木符号的副本，如图3-7a所示。

1）启动复制命令：依次🖱️单击"默认"选项卡→"修改"面板→复制⚙️，或⌨️输入Copy→敲击Enter键（回车键）。

2）选择要复制的原始对象：如图3-7a所示，选择左侧树木符号（可以继续选择其他图形对象），🖱️右击结束选择。

3）指定基点：捕捉树木符号的中心A点，🖱️单击。

4）指定第二个点：移动光标到右侧的定植点，依次在BCD三点附近🖱️单击，复制出三个树木符号的副本。

5）🖱️右击，弹出快捷菜单，🖱️单击"确认"，命令结束。

（2）复制创建树木符号的副本，如图3-7b所示。

1）启动复制命令。

2）选择要复制的原始对象：如图3-7b所示，选择位置A的树木符号，🖱️右击结束选择。

3）指定基点：捕捉树木符号的中心A点，🖱️单击。

4）线性阵列：命令行提示"指定第二个点或［阵列（A）］<使用第一个点作为位移>:"，🖱️右击，弹出快捷菜单，🖱️单击"阵列"，如图3-8所示❶操作。

5）⌨️输入线性阵列的项目数，4回车→鼠标沿X轴方向向右移动至点E附近，引出正交或极轴路径（黄色虚线），如图3-8所示❷操作→⌨️输入阵列间距，50回车→再次⌨️回车，或🖱️右击，弹出快捷菜单，🖱️单击"确认"，命令结束。

6）重复步骤1）~4）的操作。

7）⌨️输入线性阵列的项目数，5回车。

8）布满：命令行提示"指定第二个点或［布满（F）］:"，🖱️右击，弹出快捷菜单，🖱️单击"布满"，如图3-8所示❸操作。

9）鼠标沿30°方向向右上方移动至点F附近，引出极轴路径（黄色虚线），如图3-8所示❹操作→⌨️输入阵列总距离，180回车（5个阵列项目等距布满180）→再次⌨️回车，或🖱️右击，弹出快捷菜单，🖱️单击"确认"，命令结束。

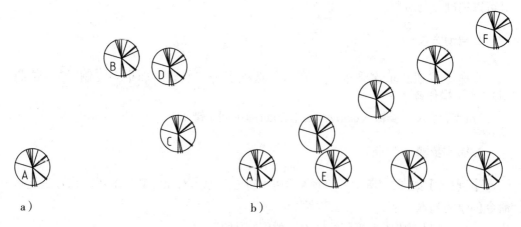

a）　　　　　　　　　　　　　　b）

图3-7　复制

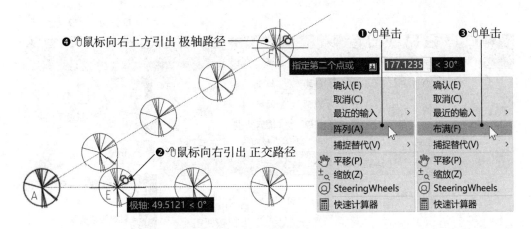

图3-8 复制-线性阵列

　　基点是复制、移动等命令中的坐标参考点，可以是图形对象自身的特征点，也可以是离对象很远的点，树木符号中心要与定植点重合，所以捕捉其中心为基点更易于操作。

3.2.5 跨文档复制（剪贴板）

　　AutoCAD可同时打开并操作多个图形文件，使用功能区底部的开始、文档选项卡可以切换当前文件，参见本书1.2.5开始、文档选项卡。使用剪贴板可以在AutoCAD打开的多个图形文档间复制对象，也可以将图形的部分或全部复制到其他应用程序创建的文档中，如复制图形到Word文档中。剪贴板面板在"默认"选项卡的右端，如图3-9所示。

　　剪切对象✂，如图3-9所示❶，将选定的对象复制到剪贴板，并将其从图形中删除。

　　复制对象，如图3-9所示❷，将选定的对象复制到剪贴板。

　　粘贴对象，如图3-9所示❸❹❺，将剪贴板中的对象粘贴到当前图形中。

　　【例3-6】从当前图形文件复制对象到新文件中。

　　1）在当前图形文件Drawing1.dwg中选择要复制的图形。

　　2）单击复制对象，如图3-9所示❷，将选定的对象复制到剪贴板。

　　3）新建一个图形文件，如Drawing2.dwg，方法参见1.6.1新建图形文件。

　　4）单击粘贴对象，单击指定插入点或输入插入点坐标，将剪贴板中的对象粘贴到当前图形中。可将对象粘贴到原坐标或粘贴为块，如图3-9所示操作❸❹❺。

　　有时会遇到当前图形文件有莫名其妙的错误或存在找不到的垃圾，使用剪贴板将所需要的图形对象复制到一个新建的文件，在新文件里继续工作是快速而高效的处置方法。

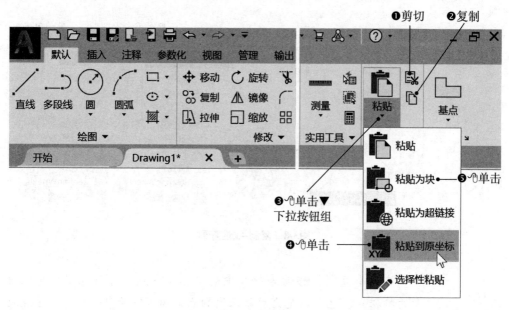

图3-9 剪贴板

3.2.6 镜像Mirror

1. 命令功能

创建选定图形对象的镜像图形，对称的对象可以绘制出半个，再镜像创建出另一半，而不必绘制整个对象。

2. 启动方法

🖰命令按钮：依次🖰单击"默认"选项卡→"修改"面板→镜像△，仿照图3-3所示操作❶。

⌨键盘输入：⌨输入Mirror→敲击Enter键（回车键）。

3. 操作步骤

【例3-7】镜像左侧花台创建右侧副本，如图3-10所示。

1）启动镜像命令。

2）选择源对象：如图3-10所示❶操作，选择左侧花台，🖰右击结束选择。

3）指定镜像线的第一点：捕捉台阶的中点，🖰单击，如图3-10所示❷操作。

4）指定镜像线的第二点：打开正交→向下移动光标引出镜像线→🖰单击，如图3-10所示❸操作。

5）弹出快捷菜单，提示"要删除源对象吗？"，🖰单击"否"，如图3-10所示❹操作。

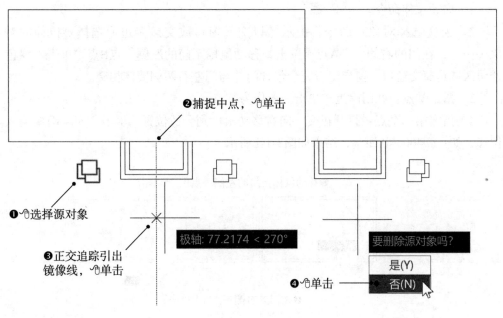

图3-10　镜像

 　　镜像线的第一点与第二点连线指示的是镜子摆放的方向，镜子的尺寸是向两端无限延伸的，源对象不一定摆放在第一点与第二点连线的区间内。

3.2.7　拉伸Stretch

1. 命令功能

拉伸与窗交窗口（Crossing Window）相交的对象，直线、多段线、样条曲线、射线、圆弧、椭圆弧和二维实体等，选定对象在窗交窗口外的端点钉死不动，窗交窗口内的端点将被移动，对象被拉伸。完全包含在窗交窗口内的对象或单独选定的对象将整体移动，而不是拉伸。圆、椭圆和块无法拉伸。

2. 启动方法

🖱️命令按钮：依次🖱️单击"默认"选项卡→"修改"面板→拉伸 ，仿照图3-3所示操作❶。

⌨️键盘输入：⌨️输入Stretch→敲击Enter键（回车键）。

3. 操作步骤

【例3-8】拉伸命令调整门的位置，如图3-11所示，图3-11a是原图，图3-11b是结果，门整体移动，左右两侧墙体拉伸（自动伸缩）。

1）启动拉伸命令。

2）窗交选择对象：命令行提示"以交叉窗口或交叉多边形选择要拉伸的对象……"，在门的右侧一点A点🖱️单击，移动鼠标至门的左侧一点B点🖱️单击。绿色透明区域是窗交窗口，窗交窗口完全包含门并与门左右两侧墙体相交。

3）指定基点：在门附近🖱️单击一点作为基点。

4）指定第二个点：打开正交→向右移动鼠标到合适位置🖱️单击，或准确⌨️输入位移，如：@4000<0 回车，结果如图3-11b所示。

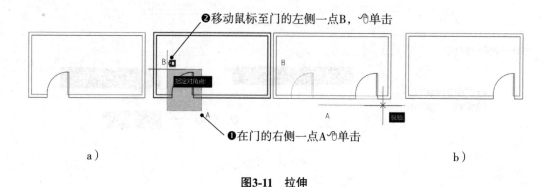

❷移动鼠标至门的左侧一点B，🖱️单击

❶在门的右侧一点A🖱️单击

a）　　　　　　　　　　　　　　　　　　　　b）

图3-11　拉伸

拉伸命令要求以窗交（Crossing Window交叉窗选）方式选择对象，参见3.1中3.窗交选择，其他方式选定的对象将整体移动。

3.2.8　缩放对象Scale

1. 命令功能

放大或缩小选定对象，缩放后的对象在X、Y、Z三个轴向上比例保持不变，可以创建选定对象的缩放副本。

2. 启动方法

🖱️命令按钮：依次🖱️单击"默认"选项卡→"修改"面板→缩放⬜，仿照图3-3所示操作❶。

⌨️键盘输入：⌨️输入Scale→敲击Enter键（回车键）。

3. 操作步骤

【例3-9】缩放对象、参照缩放对象至给定长度、缩放创建对象副本，如图3-12所示。

（1）给定比例因子缩放对象

1）启动缩放对象命令。

2）选择缩放对象：选择树木符号，🖱️右击。

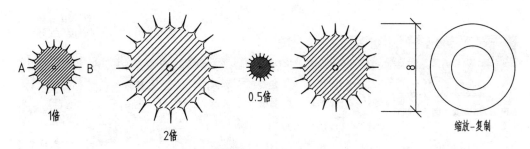

图3-12　缩放对象

3）指定基点：捕捉树木符号的圆心，🖰单击。

4）指定比例因子：⌨输入2或0.5回车。比例因子=1时为原始尺寸不缩放。

（2）给定缩放后的长度参照缩放对象

1）启动缩放对象命令。

2）选择缩放对象：选择树木符号，🖰右击。

3）指定基点：捕捉树木符号的圆心，🖰单击。

4）参照：命令行提示"指定比例因子或［复制（C）/参照（R）］："，🖰右击，弹出快捷菜单，🖰单击"参照"，参照图3-6所示操作❶。

5）指定参照长度：捕捉树木符号左端点A，🖰单击→捕捉树木符号右端点B，🖰单击。

6）指定新的长度：⌨输入8回车，树木符号缩放至直径8。

（3）缩放创建对象副本

1）启动缩放对象命令。

2）选择缩放对象：选择圆，🖰右击。

3）指定基点：捕捉圆心，🖰单击。

4）复制：命令行提示"指定比例因子或［复制（C）/参照（R）］："，🖰右击，弹出快捷菜单，🖰单击"复制"，参照图3-6所示操作❷。

5）指定比例因子：⌨输入2或0.5回车，缩放创建一个同心圆。

　　　　　　缩放后的对象真实尺寸发生变化，与1.5控制当前视口显示中视口缩放的结果是完全不同的。视口缩放是观察对象的距离在变化，对象看上去大小在变化，真实尺寸不变。

3.2.9　修改面板的命令分组

修改面板中使用频率最高的一类命令其命令按钮是独立放置的，如移动、旋转、删除等，使用频率低一些的命令2~3个编为一组共用一个按钮位置，🖰单击命令按钮组右端的下拉按钮▼，可以下拉展开这组命令，移动鼠标至展开的命令按钮上🖰单击可以启动这条命令，如图3-13所示操作❷❸将启动延伸命令，延伸命令执行过后其命令按钮将取代修剪命令成为招牌。

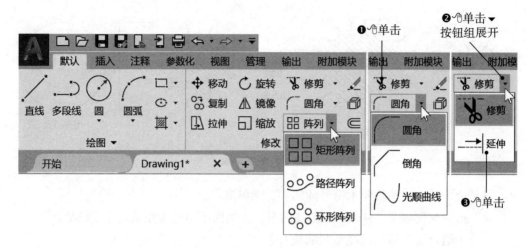

图3-13 修改面板的命令分组

3.2.10 修剪Trim和延伸Extend

1. 命令功能

通过缩短或拉长（修剪或延伸）图形对象，使其与边界对象（剪切边或边界边）的边相接。样条曲线延伸时原始部分不变，沿端点向外延伸一段切线。绘图时可以先创建、复制或偏移图形对象，然后再修剪或延伸至其他对象。启动修剪或延伸命令后，可以指定剪切边或边界边，如果不指定则默认所有对象都是边界。在命令执行过程中，按住Shift键可在修剪与延伸之间临时切换。

2. 启动方法

命令按钮：依次单击"默认"选项卡→"修改"面板→修剪 或延伸 ，如图3-13所示操作❶❷❸。

键盘输入：输入Trim或Extend→敲击Enter键（回车键）。

3. 选择对象

修剪和延伸命令中选择对象的方法特别，与通用的选择对象方法部分重叠，参见3.1选择图形对象。单击选择、栏选与通用的选择对象方法一致。两点栏选可视为栏选的快捷操作，徒手选择脱胎于套索选择中的栏选，二者仅适用于修剪和延伸命令。窗交选择并未限定从右向左指定对角点。

单击选择，单击一个或多个对象，单击对象要修剪或延伸的一端（那头），如图3-14a、图3-15a所示，在点A、B处单击直线段。

两点栏选，单击两点指定选择栏（两点连线），选择栏穿过的对象被选中，对象要修剪或延伸哪头就在那头穿过，如图3-14a、图3-15a所示，在直线段外侧空白处单击点C、D，虚线选择栏穿过直线段和圆弧右端。

徒手选择，选择手绘线穿过的对象。在绘图区域的空白处一点，🖱️按住鼠标左键拖动光标至另一点松开，拖动出手绘线穿过对象要修剪或延伸的那头。如图3-14a、图3-15a所示，在E点🖱️按住左键拖动光标至F点松开，或如图3-14b所示，在G点🖱️按住左键，拖动光标在中心圆外侧绕一周回到G点附近松开。

窗交选择，选择由两个对角点确定的矩形区域内部或与之相交的对象。🖱️右击，弹出快捷菜单→🖱️单击"窗交"，如图3-14所示❶→在绘图区域的空白处，🖱️单击两个对角点，如图3-14c所示，🖱️单击点H、I。

栏选，与选择栏相交的所有对象被选中。依次🖱️单击两个或多个栏选点指定选择栏。⌨️键盘输入F回车→如图3-14d所示，依次🖱️单击点JKLMN指定选择栏。

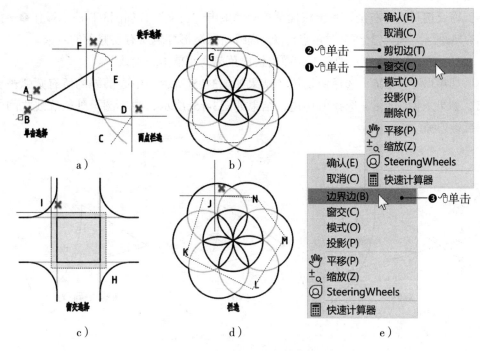

图3-14 修剪与延伸-选择对象

4. 操作步骤

【例3-10】修剪图形对象，如图3-15所示。

1）启动修剪命令：依次🖱️单击"默认"选项卡→"修改"面板→修剪✂️，如图3-13所示操作❶。

2）选择要修剪的对象：单击/两点栏选/徒手选择，选择图形对象上要剪掉的部分，如图3-14a、图3-15a所示操作，结果如图3-15b所示。

3）临时切换为延伸：🖱️按住 Shift 键选择要延伸的对象，如图3-15c所示，在点G、H的位置🖱️单击直线段和圆弧。

4）结束修剪命令：🖱️右击，弹出快捷菜单，🖱️单击"确认"。

5）再次启动修剪命令：👆右击，弹出快捷菜单，👆单击"重复Trim"。

6）选择剪切边（可选操作）：👆右击，弹出快捷菜单，👆单击"剪切边"，如图3-14所示操作❷→👆单击中心圆（可以选择多个图形对象作为剪切边），如图3-15f所示→👆右击，弹出快捷菜单，👆单击"确认"。

7）选择要修剪的对象，徒手选择/栏选/窗交选择。

徒手选择：如图3-14b所示，在G点👆按住左键，拖动光标绕中心圆一周回到G点附近松开，一根手绘虚线穿越所有要修剪的对象。

栏选：⌨输入F回车→如图3-14d所示，在中心圆外围，依次👆单击一系列点JKLMN指定选择栏，一根虚线穿越所有要修剪的对象→👆右击，弹出快捷菜单，👆单击"确认"，结束栏选。

窗交选择：👆右击，弹出快捷菜单→👆单击"窗交"，如图3-14所示操作❶→如图3-15e所示，👆单击两个对角点I、J，虚线所示矩形穿越所有要修剪的对象。

8）结束修剪命令：👆右击，弹出快捷菜单，👆单击"确认"。

如果做了步骤6）选择剪切边，结果如图3-15f所示，中心圆外的所有圆弧被剪掉。如果未做步骤6）选择剪切边，结果如图3-15e所示，中心圆至外轮廓线之间的圆弧被剪掉。

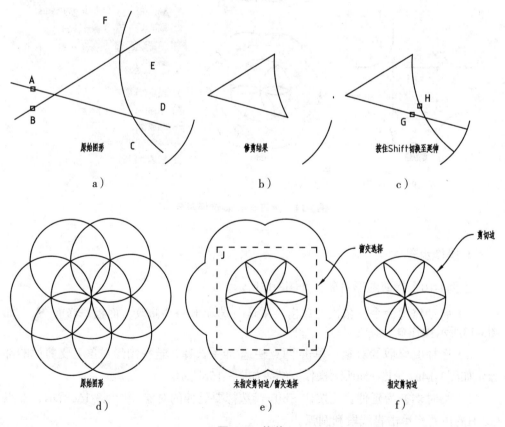

图3-15　修剪

【例3-11】延伸图形对象，如图3-16所示，图3-16a为原始图形，图3-16b为选择边界边的延伸结果，图3-16c为未选择边界边的延伸结果。

1）启动延伸命令：依次🖰单击"默认"选项卡→"修改"面板→延伸—➡️，如图3-13所示操作❷❸。

2）选择边界边：🖰右击，弹出快捷菜单，🖰单击"边界边"，如图3-14所示操作❸→🖰单击右侧样条曲线，🖰右击，如图3-16所示。

3）选择要延伸的对象：单击/两点栏选/徒手选择，选择要延伸图形对象的右端，如图3-16c所示，🖰单击A、B两点指定选择栏如虚线所示，或🖰单击对象的右端选择。

4）🖰单击圆弧右端C点时并不发生延伸，命令提示："路径不与边界边相交"，观察中图的虚线圆弧，可以看出这条圆弧延伸方向上与右侧样条线没有交点。

5）结束延伸命令：🖰右击，🖰单击"确认"。

结果如图3-16b所示。如果未选择边界边（不做步骤2）），默认所有对象都是边界边，延伸至第一个对象为止，结果如图3-16c所示。

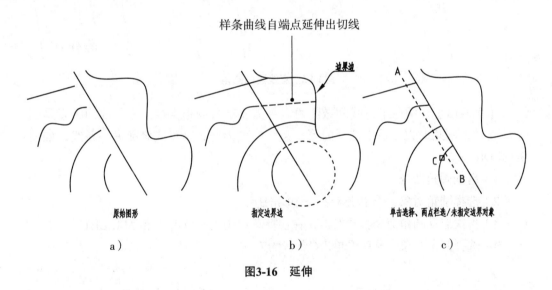

图3-16　延伸

3.2.11　圆角Fillet

1. 命令功能

在两个二维对象之间创建相切圆弧，默认以圆角半径为基准修剪或延长原始对象，也可以切换修剪模式保留原始对象，圆角半径为0时，将两条直线修剪或延伸到交点上。可以圆角的对象类型包括直线、圆弧、圆、椭圆、椭圆弧、多段线、样条曲线、射线和参照线。

2. 启动方法

命令按钮：依次单击"默认"选项卡→"修改"面板→圆角，仿照图3-13所示操作❷❸。

键盘输入：输入Fillet→敲击Enter键（回车键）。

3. 操作步骤

【例3-12】在两条直线段间做圆角，如图3-17所示，左图为原始图形，右图为圆角结果，创建的圆角圆弧与原始对象相切。

1）启动圆角命令。

2）指定圆角半径：右击，弹出快捷菜单，单击"半径"，如图3-22所示操作❶→输入20或输入0回车。

3）选择圆角对象：单击直线A，单击直线B。

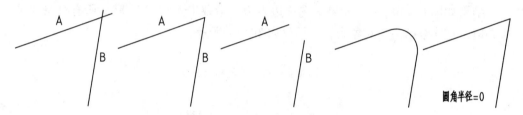

图3-17 直线段间圆角

【例3-13】在两条平行线间做圆角。不需要定义圆角半径，平行线间距就是圆角的直径，圆角时以单击选择的第一条线端点为准，延长或修剪另一条线，如图3-18所示。

1）启动圆角命令。

2）选择圆角对象：单击A点、单击B点。

3）再次启动圆角命令：右击，在快捷菜单中，单击"重复FILLET"。

4）选择圆角对象：顺序单击C点、D点。

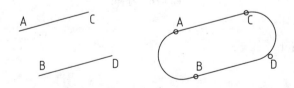

图3-18 平行线间圆角不需定义半径

在两个对象之间可以有多个圆角存在，圆角圆弧生成的位置由选择对象时拾取点的位置确定，在靠近拾取点的那一端生成，在两个圆之间做圆角时还与圆角半径、拾取顺序有关，如图3-19所示，上图指示了选择对象时的拾取点（单击）位置，下图是圆角生成的结果。

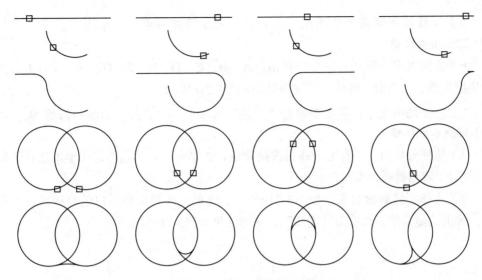

图3-19 圆角圆弧生成位置

【例3-14】多段线做圆角。一条多段线一次倒好所有圆角，如图3-20所示，图3-20a、图3-20c为原始图形，图3-20b、图3-20d为圆角结果。

1）启动圆角命令。

2）指定圆角半径：🖱️右击，弹出快捷菜单，🖱️单击"半径"，如图3-22所示操作❶→⌨️输入10回车。

3）多段线：🖱️右击，弹出快捷菜单，🖱️单击"多段线"，如图3-22所示操作❷。

4）选择二维多段线：🖱️单击一条多段线对象。

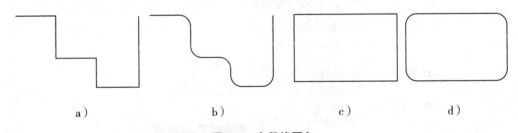

a ）　　　　　　　b ）　　　　　　c ）　　　　　　d ）

图3-20 多段线圆角

【例3-15】十字路口做圆角，如图3-21所示，先绘制十字路口图形如图3-21a所示，将圆角设置为不修剪、多个，圆角结果如中图所示，以4个圆角圆弧为剪切边修剪穿越路口的线条，结果如图3-21c所示。

1）绘制十字路口图形，如图3-21a所示。

2）启动圆角命令。

3）指定圆角半径：🖱️右击，弹出快捷菜单，🖱️单击"半径"，如图3-22所示操作❶→⌨️输入20回车。

4）切换修剪模式为不修剪：🖱️右击，弹出快捷菜单，🖱️单击"修剪"→弹出次级快捷菜单，🖱️单击"不修剪"，如图3-22所示操作❸❹。

5）设置要连续做多个圆角：🖱右击，弹出快捷菜单，🖱单击"多个"，如图3-22所示操作❺。

6）连续做多个圆角：顺序🖱单击点A、B、C、D、E、F、G、H，🖱右击，弹出快捷菜单，🖱单击"确认"，圆角结果如图3-21b所示。

7）启动修剪命令：依次🖱单击"默认"选项卡→"修改"面板→修剪✂，如图3-13所示操作❶。

8）选择剪切边：🖱右击，弹出快捷菜单，🖱单击"剪切边"，🖱单击选择圆角生成的4个圆角圆弧，🖱右击。

9）选择要修剪的对象：如图3-21b所示，🖱单击选择穿越路口的直线段，🖱右击，弹出快捷菜单，🖱单击"确认"，修剪结果如图3-21c所示。

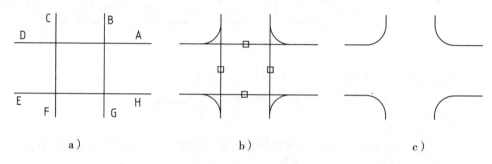

图3-21　十字路口圆角

图3-22　圆角右键菜单

圆角命令的修剪模式切换为不修剪后，"不修剪"模式状态会保持，如果要以修剪模式做圆角，需要将修剪模式切换回"修剪"状态，可仿照【例3-15】步骤4）操作。圆角和倒角有时做不出来，可能是圆角半径或倒角距离相对于原始图形来讲数值过大或过小，过大，容纳不下圆角圆弧或倒角边，不满足条件命令不执行，过小，命令生成的圆角圆弧或倒角边微小看不出来。练习时可依据原始图形的尺度，调整圆角半径和倒角距离的大小。

3.2.12 倒角Chamfer

1. 命令功能

在两条非平行线之间创建直线倒角，可以在直线、多段线、构造线和射线间创建倒角。操作与圆角命令相似，与圆角命令共享修剪模式状态。

2. 启动方法

🖰命令按钮：依次🖰单击"默认"选项卡→"修改"面板→倒角⎛，仿照图3-13所示操作❷❸。

⌨键盘输入：⌨输入Chamfer→敲击Enter键（回车键）。

3. 操作步骤

【例3-16】直线倒角，如图3-23所示。

1）启动倒角命令。

2）倒角距离：🖰右击，弹出快捷菜单，🖰单击"距离"，如图3-25所示操作❶→⌨输入100回车200回车，如图3-23a所示，或⌨输入0回车0回车，如图3-23c所示。

3）🖰单击直线A，🖰单击直线B。

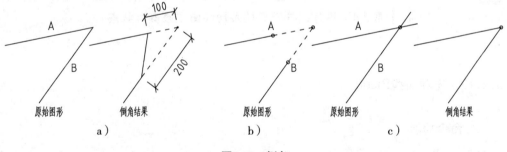

图3-23　倒角

【例3-17】多段线倒角，如图3-24所示，图3-24a是原图，图3-24b是倒角结果。

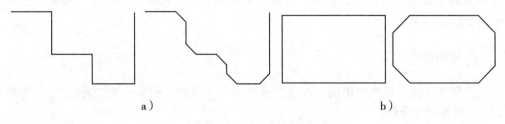

图3-24　多段线倒角

1）启动倒角命令。

2）倒角距离：🖰右击，弹出快捷菜单，🖰单击"距离"，如图3-25所示操作
❶→⌨输入50回车50回车。

3）多段线：🖰右击，弹出快捷菜单，🖰单击"多段线"，如图3-25所示操作❷。

4）选择二维多段线：🖰单击一条多段线对象。

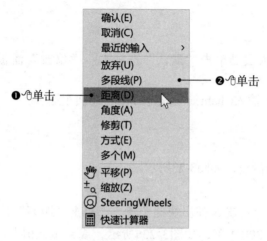

图3-25　倒角右键菜单

倒角与圆角命令共享修剪模式，在倒角或圆角其中一条命令中切
换为"不修剪"，另一条命令也会处于"不修剪"状态，可仿照【例
3-15】步骤4）操作，将修剪模式切换回"修剪"状态。

3.2.13　光顺曲线Blend

1. 命令功能

在两条选定直线或曲线之间的间隙中创建样条曲线，选定对象的长度保持不
变。生成的样条曲线的形状取决于连续性参数设置，"相切"创建一条 3 阶样条曲
线，在选定对象的端点处具有相切连续性，"平滑"创建一条 5 阶样条曲线，在选
定对象的端点处具有曲率连续性。有效对象包括直线、圆弧、椭圆弧、螺旋、开放
的多段线和样条曲线。

2. 启动方法

🖰命令按钮：依次🖰单击"默认"选项卡→"修改"面板→光顺曲线〰，仿照
图3-13所示操作❷❸。

⌨键盘输入：⌨输入Blend→敲击Enter键（回车键）。

3. 操作步骤

【例3-18】在样条曲线和圆弧之间创建光顺曲线，如图3-26所示，实线是原图，虚线是生成的样条曲线。练习时光顺曲线命令生成的样条曲线是实线，本例绘制成虚线是为了易于识别。

1）启动光顺曲线命令。

2）连续性设置为相切：🖱️右击，弹出快捷菜单，🖱️单击"连续性"，弹出次级快捷菜单，🖱️单击"相切"，如图3-27所示操作❶❷。

3）选择对象：🖱️单击样条曲线A，🖱️单击圆弧B。

4）再次启动光顺曲线命令。

5）连续性设置为平滑：🖱️右击，弹出快捷菜单，🖱️单击"连续性"，弹出次级快捷菜单，🖱️单击"平滑"，如图3-27所示操作❶❸。

6）选择对象：🖱️单击样条曲线A和圆弧B。

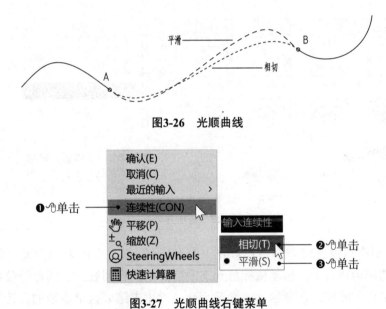

图3-26　光顺曲线

图3-27　光顺曲线右键菜单

3.2.14　矩形阵列ArrayRect

1. 命令功能

复制图形对象并将对象副本沿行、列、标高排列成矩形阵，行、列、标高分别对应XYZ三个坐标轴方向。

2. 启动方法

🖱️命令按钮：依次🖱️单击"默认"选项卡→"修改"面板→矩形阵列⊞⊞，仿照

图3-13所示操作❷❸。

⌨键盘输入：⌨输入ArrayRect→敲击Enter键（回车键）。

3. 操作步骤

【例3-19】创建和编辑矩形阵列，如图3-28a所示。

1）启动矩形阵列命令。

2）选择阵列源对象：选择做阵列的原始对象，🖰右击，结束选择。如图3-28a所示，西南角那栋房屋作为原始对象（斜线填充）。

阵列对象选择完成后，在绘图区中显示一个3行4列的矩形阵列样本，如图3-28b所示。功能区显示上下文选项卡"阵列创建"，如图3-29上图所示。

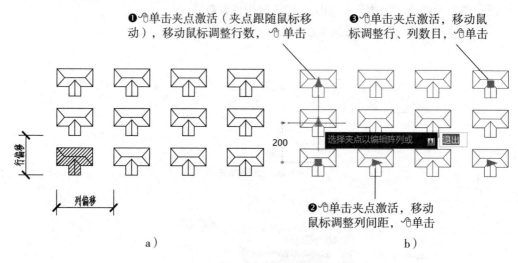

图3-28 矩形阵列

3）使用夹点设置阵列参数：如图3-28b所示操作，🖰单击一个夹点将其激活（夹点跟随鼠标移动），移动鼠标可动态改变阵列的行列数目、间距等参数，鼠标移动过程中样本阵列动态显示这一参数变化，🖰单击结束这个参数的设置过程，🖰单击激活另一个夹点可仿照这种操作设置阵列的另一个参数。夹点编辑可动态显示阵列变化，可见即所得，但间距数值不容易设置为需要的整数值。

4）阵列创建选项卡设置阵列参数

输入行列层数：如图3-29所示操作❶，可在输入框中⌨输入阵列的行数、列数、级别（Z轴上的层数）。

输入行列层间距：如图3-29所示操作❷，可⌨输入阵列两行、两列、两层之间的间距，间距值并非对象间的净距离，对象自身的尺寸不会自动刨除，如图3-28a所示。

输入行列层总距离：如图3-29所示操作❸，可⌨输入阵列首末行、首末列、首末层之间的总距离。

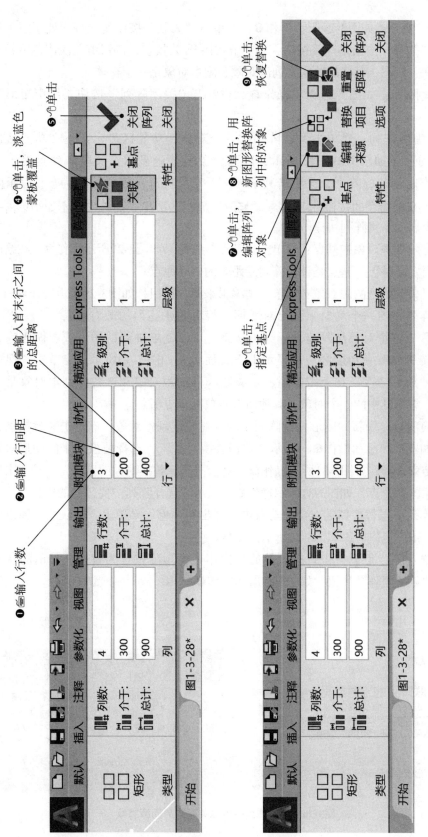

图3-29 矩形阵列创建和编辑功能区面板

关联/独立：如图3-29所示操作❹，⊕单击"关联"按钮使该按钮处于"关联"状态。"关联"按钮是开关按钮，⊕单击切换开/关状态，按钮覆盖淡蓝色蒙板时处于"关联"状态，创建的关联阵列源对象和副本对象是一个整体。

关闭阵列：如图3-29所示操作❺，⊕单击"关闭阵列"按钮，结束矩形阵列创建。

5）编辑阵列：⊕单击关联阵列的一个对象，功能区显示上下文功能区选项卡"阵列"，如图3-29下图所示，阵列对象呈蓝色显示。关联阵列是处于"关联"状态时创建的阵列，⊕单击其中的一个对象可进入阵列编辑状态。编辑阵列（ArrayEdit）命令的按钮⊟隐藏在"修改"面板的滑出式面板中，不如⊕单击一个阵列对象启动编辑阵列快捷。

指定阵列源对象的基点：⊕单击"基点"按钮，如图3-29所示操作❻，在绘图区中单击指定新基点。基点是计算阵列间距等的坐标原点。

编辑关联阵列的源对象：⊕单击"编辑来源"按钮，如图3-29所示操作❼→⊕单击选择阵列中的一个对象，弹出对话框"编辑关联阵列的源对象吗？"，⊕单击"确认"→这个对象被隔离处于编辑状态，可绘制增加新的图形或者做删除、移动、旋转等修改→功能区右端显示上下文面板，如图3-30所示，⊕单击"保存修改"或"放弃修改"结束编辑对象。关联阵列的源对象和创建的副本对象是"关联"的，编辑其中的一个对象，其他所有对象同步更新。

替换项目：用新的图形替换阵列中的源对象或副本对象。⊕单击"替换项目"按钮，如图3-29所示操作❽→提示"选择替换对象"，选择要换上来的图形对象，⊕右击结束选择，如图3-31所示操作❶→提示"选择替换对象的基点"，⊕单击选择替换对象的一个点，如图3-31所示操作❷→提示"选择阵列中要替换的项目"，⊕单击选择阵列中想替换掉的对象，⊕右击，弹出对话框，⊕单击"确认"，弹出对话框，⊕单击"退出"，如图3-31所示操作❸。

重置矩阵：是上一步替换项目的反操作，将矩阵重置为替换项目前的状态，⊕单击"重置矩阵"按钮，如图3-29所示操作❾。

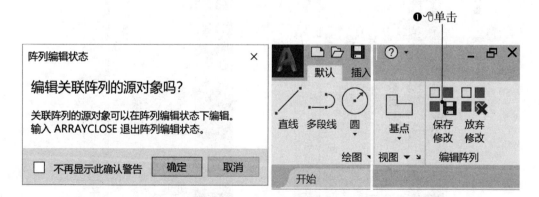

图3-30　矩形阵列—编辑关联阵列的源对象

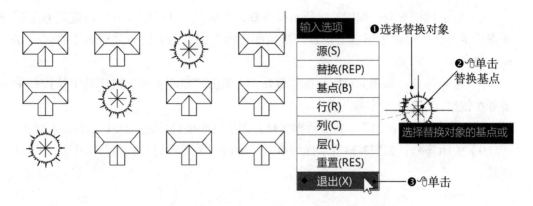

图3-31　矩形阵列—替换项目

上下文功能区选项卡是经典对话框的替代形式，自AutoCAD2009版开始出现。当选择特定类型的对象或启动特定命令时，将显示与此对象或命令相关的上下文功能区选项卡而非工具栏或对话框，结束命令时该上下文选项卡会关闭。

3.2.15　路径阵列ArrayPath

1. 命令功能

沿路径均匀分布对象副本，路径可以是直线、多段线、样条曲线、圆弧、圆、椭圆、螺旋。常用于沿园路等曲线对象，放置坐凳、果皮箱、树木、踏步符号等。

2. 启动方法

🖰命令按钮：依次🖰单击"默认"选项卡→"修改"面板→路径阵列∞∞，仿照图3-13所示操作❷❸。

⌨键盘输入：⌨输入ArrayPath→敲击Enter键（回车键）。

3. 操作步骤

【例3-20】沿曲线路径阵列18个步石或廊架横杆，如图3-32所示，图3-32a是原始图形，图3-32b是阵列结果。

1）绘制原始图形，如图3-32a所示，矩形为阵列源对象、样条曲线为路径。

2）启动路径阵列命令。

3）选择阵列源对象：🖰单击矩形，🖰右击，结束选择。

4）选择路径曲线：🖰单击样条曲线左端（🖰单击中点右侧选择则阵列从右端起始）。

5）指定基点：如图3-34所示操作❶，🖰单击"基点"，捕捉矩形长边的中点🖰单击。

6）指定切线方向：如图3-34所示操作❷，❀单击"切线方向"，捕捉矩形左下角点❀单击，❀单击矩形右下角点，指定底边由左向右的方向与路径曲线的切线方向一致。

7）定数等分：如图3-34所示操作❸❹，❀单击"定距等分"底部的下拉按钮▾展开按钮组，❀单击"定数等分"。

8）阵列项目数：如图3-34所示操作❺，在项目—项目数输入框中，⌨输入18。

9）关闭阵列：如图3-34所示操作❻，❀单击"关闭阵列"按钮，结束路径阵列创建。

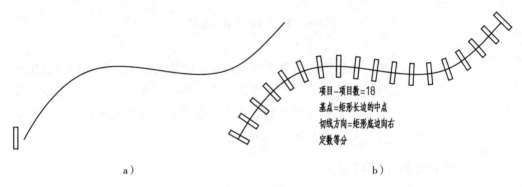

项目—项目数=18
基点=矩形长边的中点
切线方向=矩形底边向右
定数等分

a）　　　　　　　　　　　　　b）

图3-32　路径阵列一

【例3-21】沿曲线路径阵列树木符号，如图3-33所示，图3-33a为原始图形，图3-33b为阵列结果。

（1）沿上方一条路径用定距等分做双行树木阵列的步骤如下：

1）绘制原始图形，如图3-33a所示，树木符号为阵列源对象、两侧的样条曲线（虚线）为路径，路径曲线采用虚线只是为了易于识别。

2）启动路径阵列命令。

3）选择阵列源对象：窗口选择树木符号，❀右击，结束选择。

4）选择路径曲线：❀单击上方那条样条曲线左端。

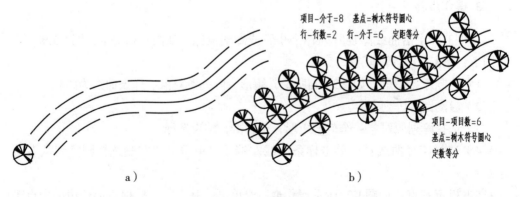

项目—介于=8　基点=树木符号圆心
行—行数=2　行—介于=6　定距等分

项目—项目数=6
基点=树木符号圆心
定数等分

a）　　　　　　　　　　　　　b）

图3-33　路径阵列二

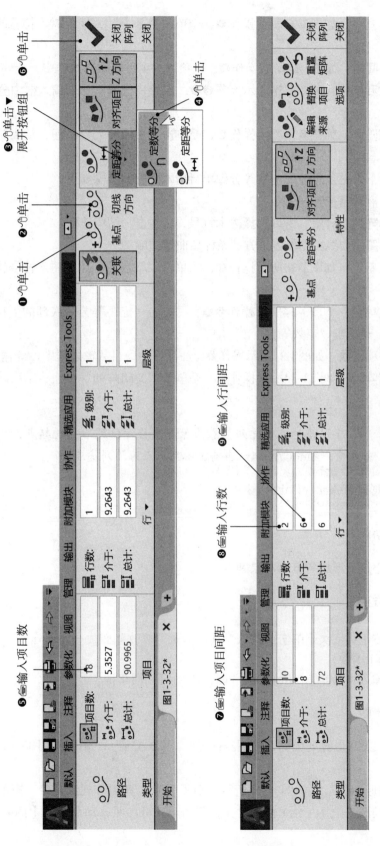

图3-34 路径阵列创建和编辑功能区面板

5）指定基点：如图3-34所示操作❶，👆单击"基点"，捕捉树木符号的中点👆单击。

6）项目间距：如图3-34所示操作❼，在项目—项目间距输入框中，⌨输入8。

7）行数和间距：如图3-34所示操作❽❾，在行—行数、介于输入框中分别⌨输入2和6。

8）关闭阵列：如图3-34所示操作❻，👆单击"关闭阵列"按钮，结束路径阵列创建。

（2）沿下方一条路径用定数等分做单行树木阵列的步骤如下：

1）再次启动路径阵列命令。

2）选择阵列源对象：窗口选择树木符号，👆右击，结束选择。

3）选择路径曲线：👆单击下方那条样条曲线左端。

4）指定基点：如图3-34所示操作❶，👆单击"基点"，捕捉树木符号的中点👆单击。

5）定数等分：如图3-34所示操作❸❹，👆单击"定距等分"底部的下拉按钮▼展开按钮组，👆单击"定数等分"。

6）阵列项目数：如图3-34所示操作❺，在项目—项目数输入框中，⌨输入6。

7）关闭阵列：如图3-34所示操作❻，👆单击"关闭阵列"按钮，结束路径阵列创建。

　　　　　　阵列源对象以阵列基点为原点平移对位到路径的起点，指定阵列基点前，AutoCAD默认当前坐标系原点为阵列基点。

3.2.16 环形阵列ArrayPolar

1. 命令功能

围绕中心点环形均匀分布对象副本。

2. 启动方法

👆命令按钮：依次👆单击"默认"选项卡→"修改"面板→环形阵列❼，仿照图3-13所示操作❷❸。

⌨键盘输入：⌨输入ArrayPolar→敲击Enter键（回车键）。

3. 操作步骤

【例3-22】环形阵列坐凳，如图3-35所示，图3-35a为原始图形，图3-35b为阵列结果。

1）绘制原始图形，如图3-35a所示，矩形表示坐凳为阵列源对象，矩形竖边中点与参照圆的圆心上下（沿X轴）对齐，移动对齐可参照移动命令的【例3-3】、图3-4。

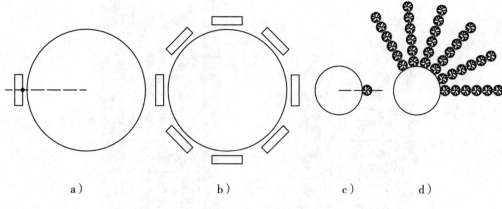

图3-35　环形阵列

2）启动环形阵列命令。

3）选择阵列源对象：单击矩形坐凳，右击，结束选择。

4）指定阵列的中心点：捕捉参照圆的圆心，单击。

5）阵列项目数：如图3-36所示操作❶，在项目—项目数输入框中，输入8。

6）关闭阵列：如图3-36所示操作❷，单击"关闭阵列"按钮，结束环形阵列创建。

【例3-23】环形阵列辐射状树阵，扇形圆心角120°，如图3-35所示，图3-35c为原始图形，图3-35d为阵列结果。

1）绘制原始图形，如图3-35c所示，绘制一个圆作为参照圆，将树木符号放置到参照圆右侧的象限点上，树木符号中心与参照圆圆心沿X轴对齐。

2）启动环形阵列命令。

3）选择阵列源对象：窗口选择树木符号，右击，结束选择。

4）指定阵列的中心点：捕捉参照圆的圆心，单击。

5）阵列项目数和圆心角：如图3-36所示操作❸❹，在项目—项目数、填充输入框中，分别输入6和120。项目数默认值为6，圆心角默认值360，如果数值与默认值相同，这一步可以省略。

6）行数和间距：如图3-36所示操作❺❻，在行—行数、介于输入框中分别输入6和10。

7）关闭阵列：如图3-36所示操作❷，单击"关闭阵列"按钮，结束环形阵列创建。

【例3-24】环形阵列绘制树木符号，如图3-37c所示，思路如下：

1）绘制原始图形，如图3-37a所示，绘制一个圆，向右侧复制出另一个圆，其圆心与左侧圆的右侧象限点重合。

2）非关联环形阵列，如图3-37b所示，以右侧圆的圆心为阵列中心，环形阵列左侧圆，项目数12，非关联，单击"关联"按钮切换开/关状态，使按钮未覆盖淡蓝色蒙板处于"非关联"状态，创建的阵列源对象和副本对象相互独立。

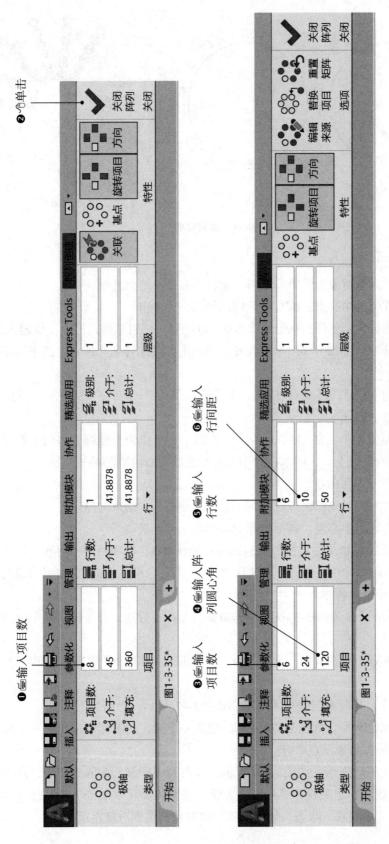

图3-36 环形阵列创建和编辑功能区面板

3）修剪，如图3-37c所示，以内圆为边界，修剪阵列源对象和副本对象，关联阵列不能被修剪，如果上一步中创建了关联阵列，可先将关联阵列分解，然后再做修剪。

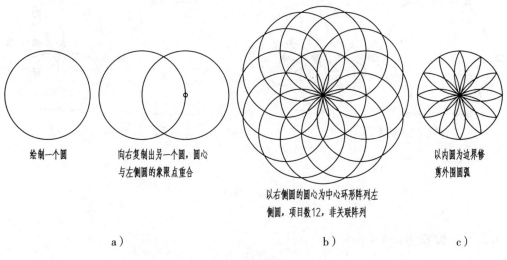

绘制一个圆   向右复制出另一个圆，圆心   以内圆为边界修
                        与左侧圆的象限点重合   剪外围圆弧

以右侧圆的圆心为中心环形阵列左
侧圆，项目数12，非关联阵列

a）   b）   c）

图3-37 非关联环形阵列—修剪

关联阵列创建后可使用"分解"命令将其分解为独立的对象，参见3.2.17分解。阵列源对象可先定义为图块，参见4.2.1创建块定义。

3.2.17 分解Explode

1. 命令功能

将复合对象分解为其组件对象。在希望单独修改复合对象的部件时，可分解复合对象，复合对象分解后特性有所改变。可以分解的对象包括多段线（多边形）、面域、关联阵列、块、注释对象（多行文字、标注、引线）等。

2. 启动方法

命令按钮：依次单击"默认"选项卡→"修改"面板→分解📦，仿照图3-3所示操作❶。

键盘输入：输入Explode→敲击Enter键（回车键）。

3. 操作步骤

【例3-25】分解多段线（多边形）、关联阵列，如图3-38所示。多边形、关联阵列分解前是一个对象，单击则被整体被选中，如图3-38a所示，分解后成为独立的直线和圆，单击仅可选中一条直线或一个圆，如图3-38b所示。

1）启动分解命令。

2）选择对象：🖱单击多边形、🖱单击关联阵列，🖱右击。

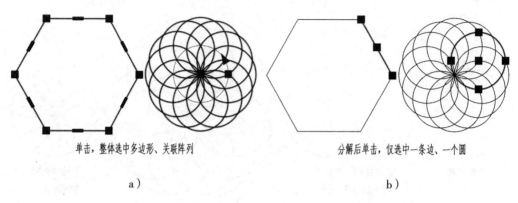

单击，整体选中多边形、关联阵列　　　　　　　　分解后单击，仅选中一条边、一个圆

a）　　　　　　　　　　　　　　　　　　b）

图3-38　分解

3.2.18　偏移Offset

1. 命令功能

创建与选定图形对象形状平行的新对象，如同心圆、平行线和平行曲线。可以在指定偏移距离创建新对象，也可以指定偏移创建的对象通过一个点。

2. 启动方法

🖱命令按钮：依次🖱单击"默认"选项卡→"修改"面板→偏移⊆，仿照图3-3所示操作❶。

⌨键盘输入：⌨输入Offset→敲击Enter键（回车键）。

3. 操作步骤

【例3-26】指定偏移距离做等距偏移，如图3-39a所示，上图为原始图形，下图为偏移后的结果，下图中用虚线圆弧表示原始对象，只是为了区分原始图形和偏移创建的新对象，并非偏移后原始对象自动变为虚线。

1）启动偏移命令。

2）指定偏移距离：⌨输入10回车。

3）选择要偏移的对象：🖱单击圆弧。

4）指定向哪一侧偏移：🖱单击圆弧右下方一点，向右下方偏移出第一条弧。

5）循环重复步骤3）4）：🖱单击刚偏移出的圆弧→🖱单击圆弧右下方一点，偏移出第二条弧。

6）循环重复步骤3）4）：🖱单击原始圆弧→🖱单击圆弧左上方一点，偏移出第三条弧。

7）循环重复步骤3）4）：🖱单击刚偏移出的圆弧→🖱单击圆弧左上方一点，偏移出第四条弧。

8）结束命令：🖱右击，弹出快捷菜单，🖱单击"确认"。

【例3-27】指定偏移创建的新对象通过哪一点做不等距偏移，如图3-39b所示，上图为原始直线段，下图为偏移复制的结果，下图中原始对象用虚线表示。

1）启动偏移命令。

2）通过：🖱右击，弹出快捷菜单，🖱单击"通过"。

3）选择要偏移的对象：🖱单击直线段。

4）指定通过点：🖱单击直线段下方一点，向下方偏移创建第一条直线段，新直线段通过🖱单击的那一点。

5）循环重复步骤3）4）：🖱单击直线段→🖱单击直线段下方一点，偏移出第二条直线段通过🖱单击的点。

6）循环重复步骤3）4）：🖱单击直线段→🖱单击直线段上方一点，偏移出第三条直线段。

7）循环重复步骤3）4）：🖱单击直线段→🖱单击直线段上方一点，偏移出第四条直线段。

8）结束命令：🖱右击，弹出快捷菜单，🖱单击"确认"。

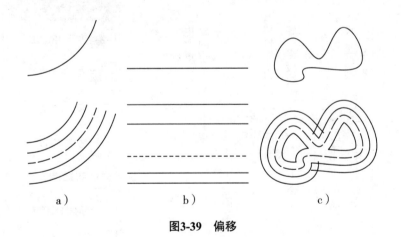

a)　　　　　　　b)　　　　　　　c)

图3-39　偏移

多段线和样条曲线在偏移距离大于可调整的距离时将自动进行修剪，如图3-39c所示，下图中的原始样条曲线用虚线表示，向内侧偏移时自动修剪，分成两个闭合样条线，向外侧偏移时由于不能同时满足平行于原始对象和自身平滑两个条件，发生断裂。

3.2.19　修改面板向下滑出

修改面板中使用频率最高的一类命令其命令按钮是独立放置的，如移动、旋转、删除等，使用频率低一些的命令2~3个编为一组共用一个按钮位置，如修剪与延伸、圆角与倒角和光顺曲线、矩形阵列与路径阵列和环形阵列，使用频率更低的命令收纳在面板内部，仅在面板向下滑出时才显示命令按钮，如图3-40所示。如图3-40所示操作❶❷，🖱单击修改面板底部的下拉按钮▼，面板向下滑出，鼠标移出面板后滑出式面板将自动关闭，🖱单击滑出式面板左下角的图钉图标📌可固定滑出式面板，再次🖱单击可取消固定，如图3-40所示操作❸，🖱单击滑出式面板中的一个命令按钮可启动该命令。

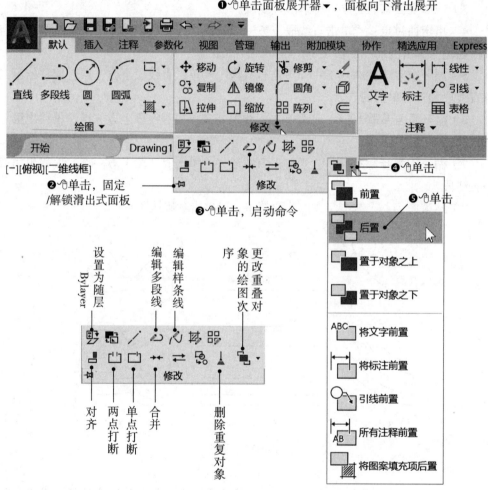

图3-40　修改面板向下滑出

3.2.20　编辑多段线Pedit

1. 命令功能

多段线可以进行多项编辑，合并、拟合较为常用。合并二维多段线是将坐标首尾相连但相互独立的一系列直线、圆弧、二维多段线合并为一条二维多段线对象。拟合是沿一条多段线的顶点，拟合出一条由圆弧拼接的平滑多段线。对于其他来源的地形图，多段线的合并、拟合常用于整理等高线。

2. 启动方法

命令按钮：依次单击"默认"选项卡→"修改"面板→编辑多段线，如图3-40所示操作❶❸。

键盘输入：输入Pedit→敲击Enter键（回车键）。

3. 操作步骤

【例3-28】多段线合并与拟合。原始图形如图3-41a所示，首尾相连但相互独立的一组直线、圆弧、二维多段线，图中的圆弧用虚线是为了与折线区分表示并非一体。合并后如图3-41b所示，合并成一条二维多段线。拟合后如图3-41c所示，过多段线顶点拟合出一条由圆弧拼接的平滑多段线。

1）绘制原始图形：绘制首尾相连但相互独立的一组直线、圆弧、二维多段线，如图3-41a所示。

2）启动编辑多段线命令。

3）选择多段线：如图3-42a所示，单击一个图形对象，如果这个对象不是多段线，则命令提示：选定的对象不是多段线是否将其转换为多段线? <Y>，右击，将其转换为多段线。

4）合并：在弹出的快捷菜单中，单击"合并"，如图3-42b所示→回车，结束编辑多段线命令。

5）再次启动编辑多段线命令。

6）选择多段线：单击合并后的多段线，如图3-41b所示。

7）拟合：在弹出的快捷菜单中，单击"拟合"，如图3-42c所示→回车，结束编辑多段线命令。

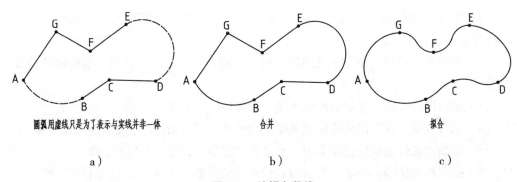

圆弧用虚线只是为了表示与实线并非一体

a）　　　　　　　　　　　　b）　　　　　　　　　　　　c）

图3-41　编辑多段线

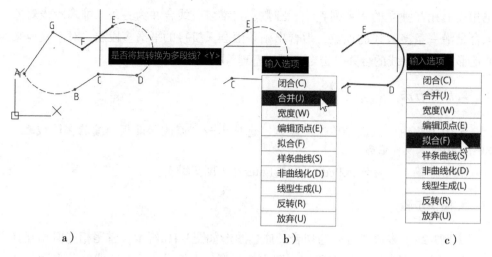

图3-42 编辑多段线—合并、拟合

3.2.21 编辑样条曲线SplinEdit

1. 命令功能

修改样条曲线的参数或将样条拟合多段线转换为样条曲线。修改样条曲线常见的目的是调整样条曲线的形状，编辑样条曲线常用来添加删除控制点或拟合点，移动控制点或拟合点则直接使用夹点编辑。

2. 启动方法

🖰命令按钮：依次🖰单击"默认"选项卡→"修改"面板→编辑样条曲线✏️，仿照图3-40所示操作❶❸。

⌨️键盘输入：⌨️输入SplinEdit→敲击Enter键（回车键）。

3. 操作步骤

【例3-29】编辑样条曲线，添加删除拟合点，如图3-43所示。

1）准备原始图形：使用样条曲线拟合创建一条开放或闭合的样条曲线，参见2.4.5样条曲线，【例2-19】。

2）关闭对象捕捉、极轴正交追踪（对指定拟合点有干扰），启动编辑样条曲线命令。

3）选择样条曲线：🖰单击样条曲线，如图3-43所示❶。

4）拟合数据：在弹出的快捷菜单中，🖰单击"拟合数据"，如图3-43所示❷。

5）添加：在弹出的快捷菜单中，🖰单击"添加"，如图3-43所示❸。

6）指定添加区间，添加新拟合点：🖰单击样条曲线上一个现有拟合点，这个点与后面相邻的那个拟合点（创建时的次序）变红色→在两个变红色的拟合点区间，

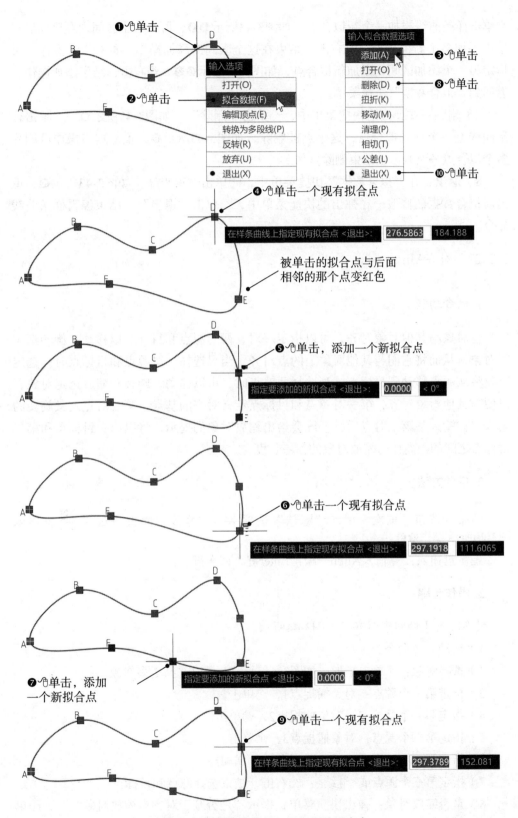

图3-43　编辑样条曲线—添加删除拟合点

单击样条曲线添加一个新拟合点，如图3-43所示❹❺，可在这个区间内顺序向后单击添加多个新拟合点→右击，结束在这个区间的添加操作。重复本步操作，可指定另一个添加区间，添加新拟合点，如图3-43所示❻❼。右击，结束添加操作，返回到"拟合数据"快捷菜单。

7）删除：在弹出的快捷菜单中，单击"删除"，如图3-43所示❽→单击样条曲线上一个现有拟合点，这个点被删除，如图3-43所示❾，重复这步操作可删除多个拟合点→右击，结束删除操作。

8）退出：在"拟合数据"快捷菜单中，单击"退出"，如图3-43所示❿，退出对拟合数据的修改→在弹出的快捷菜单中，单击"退出"，结束编辑样条曲线命令。

3.2.22 对齐Align

1. 命令功能

将对象与其他对象对齐，可以指定一对、两对源点和目标点以移动、旋转选定的对象，从而将它们与其他对象上的点对齐。当只选择一对源点和目标点时，选定对象将从源点移动到目标点，当选择两对点时，可以移动、旋转和缩放选定对象，以便与其他对象对齐，第一对源点和目标点定义对齐的基点，第二对点定义旋转的角度，在输入了第二对点后，系统会给出缩放对象的提示，将以第一目标点和第二目标点之间的距离作为缩放对象的参考长度。

2. 启动方法

命令按钮：依次单击"默认"选项卡→"修改"面板→对齐 📭 ，仿照图3-40所示操作❶❸。

键盘输入：输入Align→敲击Enter键（回车键）。

3. 操作步骤

【例3-30】两对点对齐，如图3-44所示。

1）启动对齐命令。

2）选择对象：单击矩形，如图3-44a所示，可以选择更多对象。

3）指定第一个源点：对象捕捉点1，单击。

4）指定第一个目标点：对象捕捉点2，单击。

5）指定第二个源点：对象捕捉点3，单击。

6）指定第二个目标点：对象捕捉点4，单击。

7）指定第三个源点或<继续>：右击，结束选择源点和目标点。

8）是否缩放对象：弹出快捷菜单，提示"是否基于对齐点缩放对象？"，单击"是"结果如图3-44c所示，单击"否"结果如图3-44b所示。

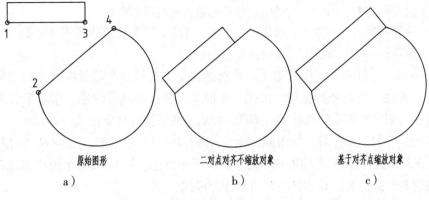

原始图形　　　　　　二对点对齐不缩放对象　　　　基于对齐点缩放对象

a）　　　　　　　　　　b）　　　　　　　　　c）

图3-44　两对点对齐

3.2.23　打断Break

1. 命令功能

打断Break也称为两点打断，删除对象上两个指定点之间的部分，将对象打断。打断于点BreakAtPoint也称为单点打断，在一个指定点处将选定对象无间隙断开，圆、椭圆、闭合样条曲线等不能单点打断。

2. 启动方法

命令按钮：依次单击"默认"选项卡→"修改"面板→打断、打断于点，仿照图3-40所示操作❶❸。

键盘输入：输入Break或BreakAtPoint→敲击Enter键（回车键）。

3. 操作步骤

【例3-31】两点打断，如图3-45所示，上图为原始图形，下图为打断后的结果，虚线表示打断后删除掉的部分。

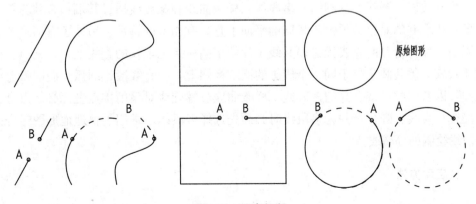

原始图形

图3-45　两点打断

1）启动两点打断命令，🖱单击🔲或⌨输入Break回车。

2）选择对象：🖱单击A点选中一个对象，直线/圆弧/样条曲线/矩形/圆。

3）指定第二个打断点：🖱单击B点。

如果第二个打断点不在对象上，将选择对象上与该点最接近的点，利用两点打断的这一特性，可以修剪直线、圆弧、多段线、样条曲线等对象，指定第二个打断点时选在要删除的那个端点外侧，如图3-45所示的圆弧和样条曲线。

【例3-32】单点打断，如图3-46所示，图3-46a为原始图形，图3-46b为打断后的结果，图3-46c为打断后🖱单击选中右半段的显示状态。图3-46b右半段用虚线表示是为了识别断开的位置，并非打断后自动变为虚线。

1）启动单点打断命令，🖱单击🔲或⌨输入BreakAtPoint回车。

2）选择对象：🖱单击直线段或样条曲线将其选中。

3）指定打断点：在直线段或样条曲线上🖱单击A点，如果打断点不在对象上，将选择对象上与该点最接近的点。

4）🖱单击直线或样条曲线的右端，打断后的右段被选中，显示状态如图3-46c所示。

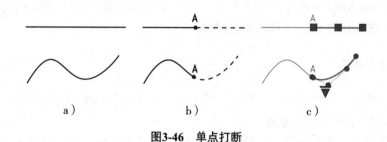

图3-46 单点打断

3.2.24 合并Join

1. 命令功能

将直线段、圆弧、椭圆弧、多段线、样条曲线和螺旋线通过其端点合并为单个对象，待合并的对象必须位于相同的平面上且具有相似的特性，另外还有诸多的条件限制。如待合并的直线段必须共线（即位于同一条无限长的直线上），圆弧、椭圆弧对象必须共圆（位于同一个假想的圆或椭圆上），直线段、圆弧、椭圆弧对象之间可以有间隙；待合并的多段线、样条曲线、螺旋线对象衔接点坐标必须重合；多段线、直线、圆弧合并为多段线时必须先选择多段线。常用于整理地形图时合并多段线绘制的等高线。

2. 启动方法

🖱命令按钮：依次🖱单击"默认"选项卡→"修改"面板→合并➔◀，仿照

图3-40所示操作❶❸。

⌨键盘输入：⌨输入Join→敲击Enter键（回车键）。

3. 操作步骤

【例3-33】合并样条曲线，如图3-47所示，上图为原始图形，两条样条曲线A、B，样条曲线B的线型采用虚线是为了易于区分，练习时可采用默认实线，下图为合并后的样条曲线，合并后的样条曲线继承🖱单击的第一条曲线的特性，A+B是先A后B，B+A是先B后A。

1）启动合并命令，🖱单击→◄━，仿照图3-40所示操作❶❸。

2）选择源对象：分别🖱单击样条曲线A、B，🖱右击，结束选择。

3）合并后的样条曲线如果衔接点处不平滑，可单击选中样条曲线后优化、删除拟合点，或再单击拟合点后拖动，如图3-48所示。

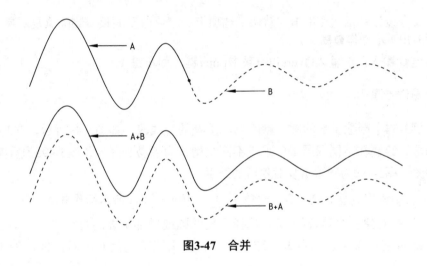

图3-47 合并

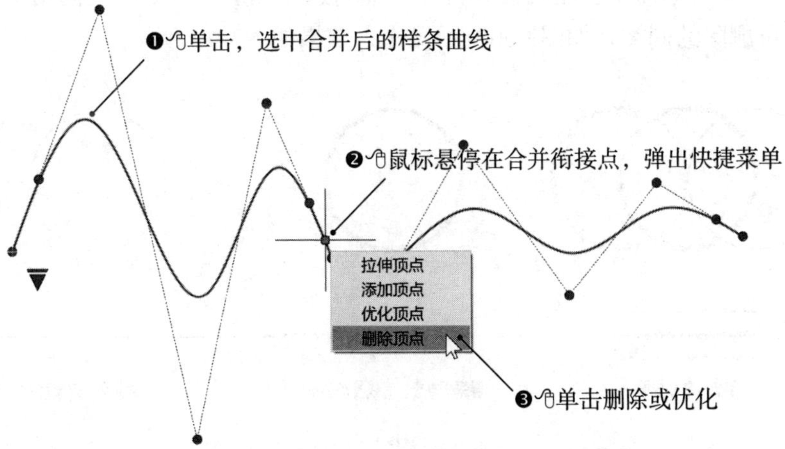

图3-48 合并后衔接点的处理

3.2.25 删除重复对象Overkill

1. 命令功能

删除重复或重叠的直线、圆弧和多段线。此外，合并局部重叠或连续的直线、圆弧和多段线。对绘图区域或块编辑器中的几何对象做以下更改：

删除重复的对象副本。

删除在圆的某些部分上绘制的圆弧。

角度相同的局部重叠线合并为一条线。

删除重复的线或圆弧段。

删除重叠且长度为零的多段线线段。

2. 启动方法

命令按钮：依次单击"默认"选项卡→"修改"面板→删除重复对象 ▲，仿照图3-40所示操作❶❸。

键盘输入：输入Overkill→敲击Enter键（回车键）。

3. 操作步骤

【例3-34】删除重复的圆、删除局部重叠的直线段，如图3-49所示，图3-49b为原始图形，绘制在不同图层上，采用不同线型是为了易于区分，图3-49a为重叠对象的分解图，图3-49c为删除重复对象后的结果。

1）启动删除重复对象命令，单击 ▲，仿照图3-40所示操作❶❸。

2）选择对象：窗口选择/窗交选择重复的圆或局部重叠的直线段（单击难以选择全部重复对象），右击，结束选择，弹出删除重复对象对话框，如图3-50所示。

3）单击勾选需要忽略的对象特性，如勾选"图层"则处于不同图层的重复对象被视为可删除的同类，如图3-50所示操作，结果如图3-49c所示。

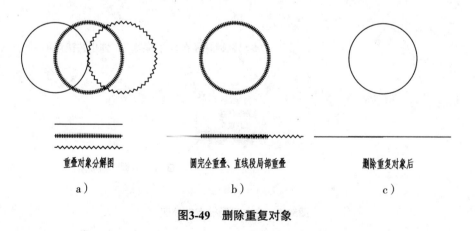

重叠对象分解图	圆完全重叠、直线段局部重叠	删除重复对象后
a）	b）	c）

图3-49 删除重复对象

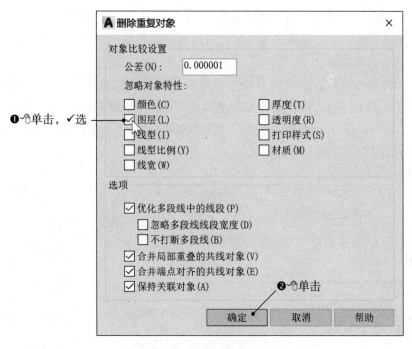

图3-50　删除重复对象对话框

3.2.26　更改重叠对象的绘制顺序

1. 命令功能

更改图像和其他对象的绘制顺序（显示和打印顺序），处于"前面""上面"的对象，距离观察者的眼睛更近，先被看到。DrawOrder命令可以控制粗线、宽多段线、图案填充、注释和图像对象等重叠对象的绘制顺序，TextToFront命令将图形中的所有文字、标注或引线置于其他对象的前面，而HatchToBack命令将所有图案填充对象置于其他对象的后面，命令按钮如图3-51所示。

2. 启动方法

命令按钮：依次单击"默认"选项卡→"修改"面板→更改绘制顺序，仿照图3-40所示操作❶、图3-51所示操作❶❷。

键盘输入：输入DrawOrder或TextToFront或HatchToBack→敲击Enter键（回车键）。

3. 操作步骤

【例3-35】更改对象的绘制顺序，将所有注释对象前置。如图3-51a上图的三个圆填充有不同的颜色，图3-51a下图是标注与图线、图案填充重叠。

1）启动DrawOrder命令，单击"置于对象之上"，仿照图3-40所示操作❶修改面板向下滑出，如图3-51所示操作❶❷。

2）选择对象：窗交选择或🖱单击需要前置的圆和颜色填充，如图3-51所示操作❸，🖱右击，结束选择。

3）选择参照对象：窗交选择或🖱单击参照圆和颜色填充，如图3-51所示操作❹，🖱右击，结束选择。右侧的圆和颜色填充覆盖在中间的圆和颜色填充之上。

4）启动TextToFront命令，🖱单击"所有注释前置"，如图3-51所示操作❶❺。标注置于最上层。

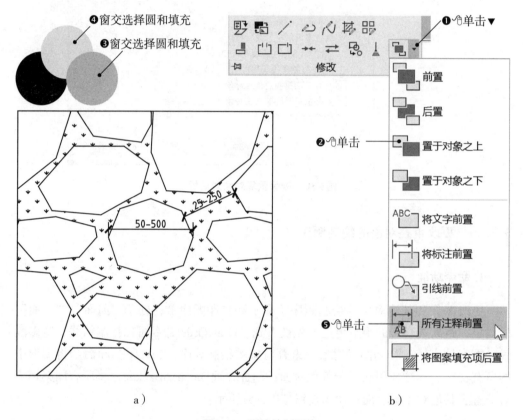

a ）   b ）

图3-51　更改绘制顺序

3.3　夹点编辑

夹点是显示在所选对象上的小方格和三角形。使用夹点可以重新塑造、移动或操纵对象。利用任何夹点模式修改对象时均可以创建对象的多个副本。夹点编辑可理解为常用编辑命令的快捷方式，不需要输入编辑命令，操作方法是：选中对象，🖱单击夹点，夹点变红色，🖱移动光标可移动夹点、边或整个对象，在变红色的夹点上🖱右击，弹出快捷菜单，🖱单击列表中选项可切换夹点模式（拉伸、移动、旋转、缩放等），如图3-52所示。

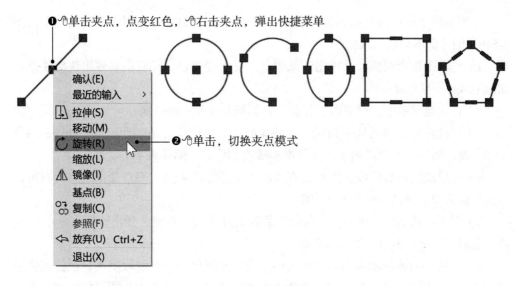

图3-52 夹点编辑

【例3-36】使用夹点编辑重新塑造样条曲线的形状，如图3-53a所示。

1）单击样条曲线。

2）单击需要调整位置的夹点（拟合点或控制点），这个夹点变成红色，如图3-53a所示操作❶。

3）移动鼠标，样条曲线的形状随之变化，到形状合适时单击，如图3-53a所示操作❷。

4）重复2）3）可调整多个拟合点或控制点的位置，重新塑造样条曲线的形状。

【例3-37】使用夹点编辑重合多段线端点坐标，如图3-53b所示。两条多段线仍然是独立的，只是衔接点的坐标重合了，常用于合并多段线前的整理、填充边界的端点连接。

1）选中多段线，显示出夹点，如图3-53b所示。

2）单击多段线一端的夹点，这个夹点变成红色，如图3-53b所示操作❸。

3）移动鼠标，光标捕捉到另一条多段线的端点，单击，如图3-53b所示操作❹。为了利于对象捕捉，可关闭影响光标定位的正交和极轴。

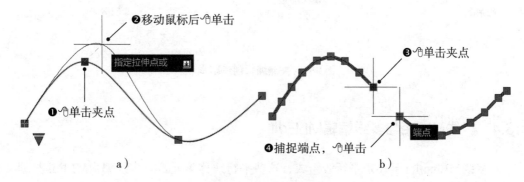

图3-53 使用夹点编辑

【例3-38】使用夹点编辑创建对象的多个副本，如图3-54a所示是初始图形，图3-54b是创建副本后的结果图。

1）🖱单击选择圆弧，🖱单击圆弧中点，夹点变红色，🖱右击，弹出快捷菜单，如图3-54所示操作❶。

2）在快捷菜单中，🖱单击"复制"，如图3-54所示操作❷。

3）移动鼠标，橡筋线牵拉出一个圆弧副本，至位置合适时🖱单击，如图3-54所示操作❸，创建一个圆弧副本。重复本步骤可创建多个圆弧副本。

4）🖱单击选择直线段，🖱单击直线段处于圆心的夹点，夹点变红色，🖱右击，弹出快捷菜单，如图3-54所示操作❹。

5）在快捷菜单中，🖱单击"旋转"切换夹点模式，右击，弹出快捷菜单，🖱单击"复制"，如图3-54所示操作❺❻。

6）以圆心为旋转轴沿圆周移动鼠标，旋转复制出一个直线段副本，至位置合适时🖱单击，如图3-54所示操作❼，创建一个直线段副本。重复本步骤可旋转创建多个直线段副本。

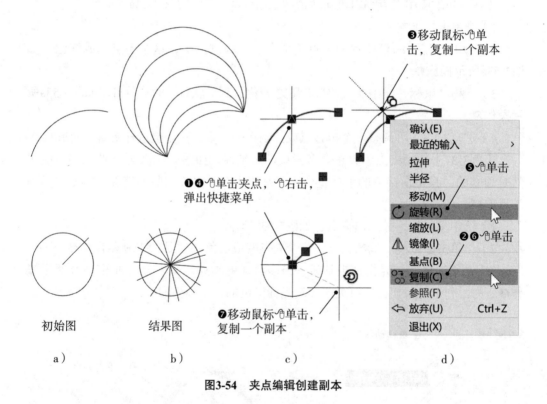

图3-54　夹点编辑创建副本

3.4　多线MLine与多线编辑MLEdit

多线MLine由1至16条平行线组成，这些平行线称为元素。多线编辑MLEdit是编辑多线的专用工具，编辑多线交点、打断点和顶点，处理多线的交叉、T形相交、角点结合。多线对象可被分解为独立的直线段，作为普通直线段编辑修改，参见3.2.17分解。

多线的默认样式STANDARD包含两个元素，两条实线间距为1，如图3-55所示。多线有"对正""比例"两个参数，开始绘制前可更改其默认值，"对正"确定多线的哪条线对位在坐标点上，如果设置"对正"=无，则多线以虚拟的中轴线穿过坐标点，如图3-55所示的虚线。"比例"控制多线的全局宽度，默认比例=20，即多线间距=1×20。

多线样式MLstyle创建、修改和管理多线样式，可修改默认样式STANDARD的特性和元素，设置多线中直线元素的数目、颜色、线型、线宽、每个元素的偏移量，端口以直线、内凹圆弧、外凸圆弧封闭，也可以创建新的多线样式。

在AutoCAD的早期版本中，多线是常用命令，按钮在绘图工具栏中，大概从2004版开始这个命令在工具栏中消失，多线命令组弱化。这是由于Revit、ArchiCAD等三维设计软件兴起，建筑设计的工作流程转换为构建建筑三维模型，然后自动生成平、立、剖等平面套图，较少直接使用AutoCAD绘制建筑设计图了。风景园林等相关专业还在使用多线命令组，一般用于绘制建筑墙线、道路等平行直线。

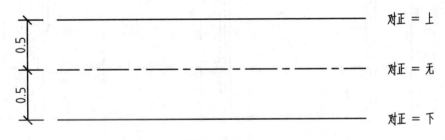

图3-55 多线的默认样式STANDARD

【例3-39】使用多线命令组绘制建筑平面图中的墙体，如图3-56所示，假设墙体厚度240mm、120mm两种规格。

（1）绘制墙体轴线

在绘图区左侧绘制一条垂线作为建筑最左侧墙体的轴线，长度略长于建筑的进深，即大于南北厚度10200，在绘图区底部绘制一条水平线作为建筑最南端墙体的轴线，长度略长于建筑的东西宽度8100。绘制两条轴线后可能看不到轴线的另一个端点，这是由于绘图区默认的显示范围较小，可全部缩放将其完全显示在绘图区中，参见1.5.2使用导航栏平移和缩放，如图1-21所示操作❷❸，结果如图3-60a所示。按照墙体间距，如图3-56所示，偏移复制所有墙体轴线，方法参见3.2.18偏移，结果如图3-60b所示。偏移复制墙体轴线定位门、窗在墙体上的位置，要随时打断、删除定位线的过长部分，以区分门、窗定位线与墙体轴线，结果如图3-60c所示。

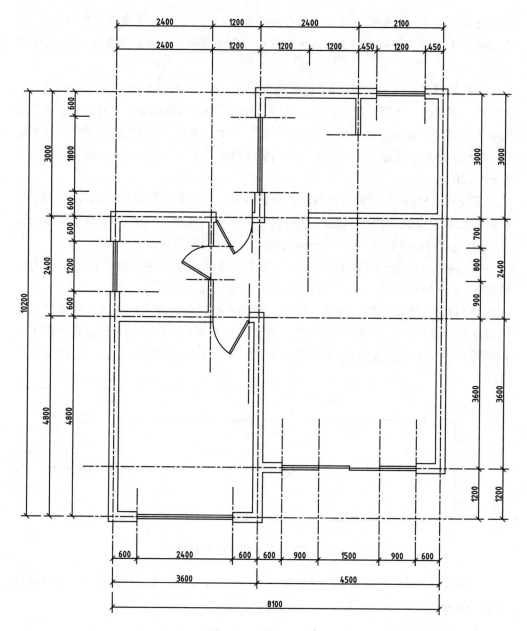

图3-56　建筑平面图

（2）修改多线默认样式STANDARD

启动多线样式命令，⌨输入MLstyle，敲击Enter键（回车键），如图3-57、图3-58所示操作，修改默认样式STANDARD以90°直线封口。

一个新建的文件要在初次绘制多线之前修改默认样式STANDARD，使用默认样式STANDARD绘制多线后其特性和元素不允许被修改（对话框中的"修改"按钮呈灰色，如图3-57所示），修改后的默认样式STANDARD被保存在当前文件中。

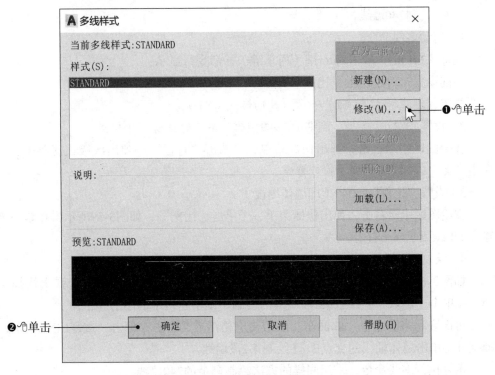

图3-57 多线样式对话框

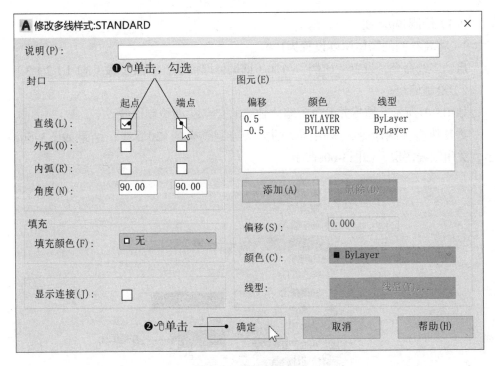

图3-58 修改多线样式

（3）绘制240墙线

1）启动多线命令。

⌨输入MLine，敲击Enter键（回车键），命令行显示：

当前设置：对正＝上，比例＝20.00，样式＝STANDARD

指定起点或［对正（J）/比例（S）/样式（ST）］：

2）设置"对正"＝无，绘制的多线以虚拟的中轴线穿过坐标点。

在绘图区中🖱右击，弹出快捷菜单，🖱单击"对正"→弹出次级快捷菜单，🖱单击"无"，如图3-59所示操作❶❷。

3）设置"比例"＝240（即墙体厚度）。

在绘图区中🖱右击，弹出快捷菜单，🖱单击"比例"，如图3-59所示操作❸→⌨输入240⌨回车或🖱右击。

4）绘制墙线。

如图3-61所示，捕捉并🖱单击墙体轴线的交点A、C、D，🖱右击弹出快捷菜单，🖱单击"确认"，结束第1段墙线的绘制（位于建筑平面图的左下角）。

再次启动多线命令（⌨回车、⌨敲击空格键或🖱右击🖱单击"重复LINE"），捕捉并🖱单击墙体轴线的交点B、E绘制第2段墙线。

重复执行多线命令，采用同样的方法绘制剩余的240墙线。

绘制多线时一条多线自身不要相交（玩过贪吃蛇游戏吗？规则类似），多线编辑时在自交点结果难以预料。

（4）绘制120墙线

1）将要绘制的墙体厚度设置为120。

启动多线命令，设置"比例"＝120（即墙体厚度），参照步骤（3）1）2）3）。

2）绘制墙线。

如图3-61所示，捕捉并🖱单击墙体轴线的交点E、F绘制墙线。

重复执行多线命令，采用同样的方法绘制剩余的120墙线，结果如图3-60d所示，关闭轴线图层，如图3-60e所示。

图3-59　设置多线参数

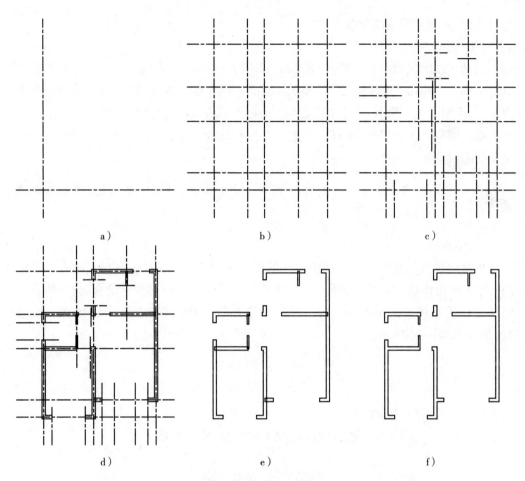

图3-60　多线绘制墙体一

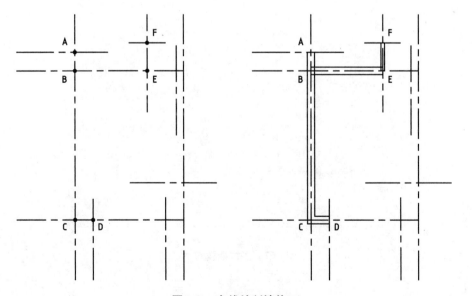

图3-61　多线绘制墙体二

（5）多线编辑墙线交点

1）T形合并。

启动多线编辑命令，⌨输入MLEdit，敲击Enter键（回车键），弹出多线编辑工具对话框→🖱单击"T形合并"，如图3-62所示操作❶→如图3-63所示，顺序🖱单击点A、B拾取多线，合并第1个T形交点，顺序🖱单击点C、D拾取多线，合并第2个T形交点，同样方法拾取剩余的T形交点→🖱右击弹出快捷菜单，🖱单击"确认"，结束多线编辑。

T形合并要注意拾取顺序，要先拾取T字的竖笔画｜，然后拾取横笔画—。

2）角点结合

再次启动多线编辑命令，弹出多线编辑工具对话框→🖱单击"角点结合"，如图3-62所示操作❷→如图3-63所示，顺序🖱单击点E、F拾取多线，结合第1个角点，同样方法拾取剩余的角点→🖱右击弹出快捷菜单，🖱单击"确认"，结束多线编辑。结果如图3-60f所示。

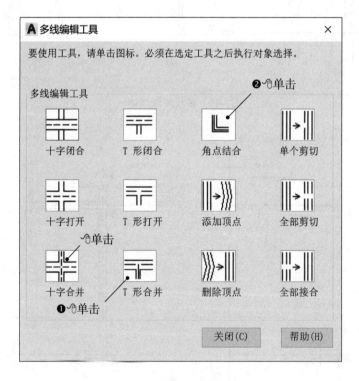

图3-62　多线编辑对话框

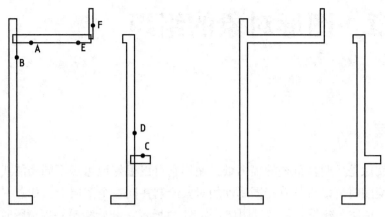

图3-63　多线编辑墙体

1. 选择图形对象的方法有哪些？窗口选择与窗交选择有何异同？

2. 在命令执行过程中如何启动栏选？

3. 参照旋转图形对象的操作步骤是怎样？

4. 如何在两个图形文件之间复制图形对象？

5. 拉伸命令必须以哪种方法选择对象？

6. 如何将一个平面树木符号的直径缩放为6？

7. 缩放对象，图形对象尺寸发生变化吗？是否与视口缩放相同？

8. 在修剪与延伸命令执行过程中，如何在两个命令之间临时切换？

9. 在两条平行线间做圆角，如何定义圆角半径？

10. 矩形阵列的行偏移、列偏移包含图形对象自身的尺寸吗？

11. 路径阵列生成的对象副本与路径有段距离也不随动改变方向，可能原因
　　是什么？

12. 环形阵列的"中心点"指的是哪个点，如果没指定中心点可能会是什么
　　结果？

13. 阵列"关联/非关联"的作用是什么？完成后可以转换吗？

14. 分解命令可以分解哪些对象？分解后有什么变化？

15. 偏移时出现自动修剪的可能原因是什么？

16. 哪种对象在偏移时可能断裂，为什么？

17. 合并命令对待合并的直线段、圆弧有哪些要求？待合并的多段线、样条
　　曲线之间可以有间隙吗？

18. 使用夹点编辑如何重新塑造样条曲线的形状？

19. 使用夹点编辑绘制一个简单的平面树木符号。

20. 如何启动多线与多线编辑命令？绘制多线时可以自身相交吗？

第4章　图形对象的组织

4.1　图层

图层就像是透明且重叠的描图纸，使用它可以很好地组织不同功能或用途的图形信息。绘图时可以将具有相同属性的对象绘制在同一个图层上，如总平面图可以分为水体、道路、建筑、种植等图层，如图4-1所示。开始绘制一幅新图时，新建的文件默认只有一个名为 0 的图层，图层 0 不能被删除或重命名，图层 0 被指定使用 7 号索引颜色（在黑屏上为白色，在白纸上为黑色）、Continuous线型（连续线）、"默认"线宽（按默认值 0.01 in或 0.25 mm打印）。一个图层具有开关、冻结、锁定、颜色、线型、线宽、打印等属性。

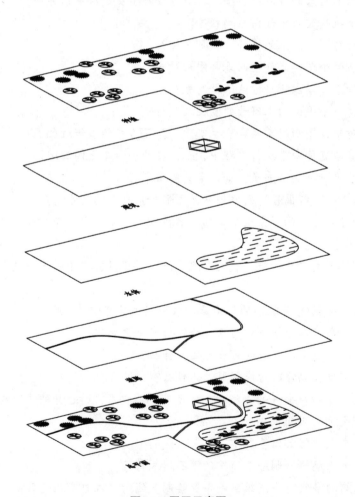

图4-1　图层示意图

图层面板在"默认"选项卡中，面板左侧的大按钮是"图层特性"工具，面板右侧顶行是"图层列表"，其下部分是一组操作图层的工具，有些工具隐藏在滑出式面板中，单击图层面板底部的展开器▼，如图4-2所示操作❺，图层面板向下滑出，滑出式面板左下角的图钉图标，单击可固定/解除固定滑出式面板，完整的图层面板如图4-2右图所示。

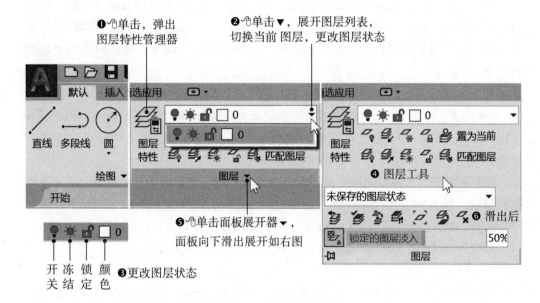

图4-2 图层面板

4.1.1 图层特性管理器

图层特性管理器用来管理图层和图层特性，如创建、重命名、删除图层，设置和更改图层特性（颜色、线型、线宽等），设置图层状态（开关、冻结、锁定、是否打印等）。

启动图层特性工具Layer，弹出"图层特性管理器"对话框，如图4-3所示，启动方法如下：

工具按钮：依次单击"默认"选项卡 → "图层"面板→图层特性，如图4-2所示操作❶。

键盘输入：输入Layer→敲击Enter键（回车键）。

【例4-1】创建新图层并设置图层特性、删除图层、将图层置为当前。创建5个新图层，按照奥林匹克五环图案标志设置颜色（蓝/青、黄、黑/白、绿、红）。

1）启动图层特性工具，单击图层特性，弹出"图层特性管理器"对话框，如图4-2所示操作❶，结果如图4-3所示。

2）新建图层，如图4-3所示操作❶，单击，或在对话框内空白处右击，弹出快捷菜单，单击"新建图层"，默认名称"图层1"。

3）输入图层名称，如图4-3所示操作❷，⌨输入图层名称，可以包含汉字、字母、数字、空格、部分特殊字符，最多255个字符，如：道路 / daolu / road、建筑 / jianzhu / building、水体 / shuiti / water等。如果要更改现有图层名称，可在图层名称上🖱慢单击（在图层名称上按下鼠标左键停几秒再松开），图层名称反白显示，⌨输入新的图层名称。

4）指定颜色，如图4-3所示操作❸，🖱单击色块□，弹出选择颜色对话框，默认显示256种索引颜色，🖱单击一个色块可选择这种颜色，如图4-4所示操作❶。7号索引颜色"白"是黑白颠倒的，在黑色的绘图区显示为白色线条，输出到图纸上是黑色线条。

索引颜色1~7号既有编号也有名称：1红R（Red）、2黄Y（Yellow）、3绿G（Green）、4青C（Cyan）、5蓝B（Blue）、6洋红M（Magenta）、7白/黑K（blacK）。包含了RGB色彩模式的光源三原色，CMYK印刷色彩模式的颜料三原色。

绘制规划图时，需要切换至真彩色，⌨输入RGB三色数值，三色数值以英文半角逗号分隔，如图4-4所示操作❷❸。《风景园林制图标准》（CJJ/T 67—2015），颜色定义采用CMYK色彩模式，将CMYK数值转换为RGB的计算公式：

$R = 255 \times (1–C) \times (1–K)$；$G = 255 \times (1–M) \times (1–K)$；

$B = 255 \times (1–Y) \times (1–K)$。

5）选择线型，如图4-3所示操作❹，🖱单击Continuous 弹出选择线型对话框，新建的文件默认只有一种线型，Continuous连续线，如图4-5所示操作，选择需要加载的线型，然后为当前图层选择一种线型。

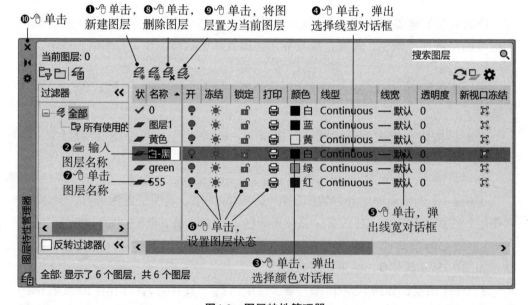

图4-3　图层特性管理器

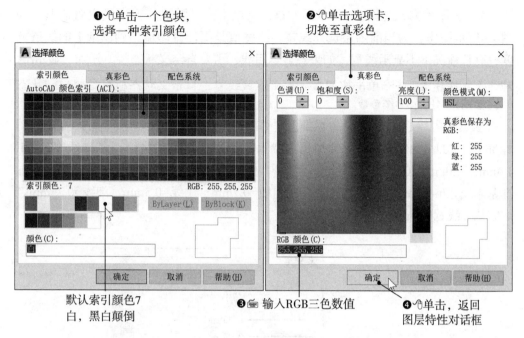

❶ 🖱️单击一个色块，
选择一种索引颜色

❷ 🖱️单击选项卡，
切换至真彩色

默认索引颜色7
白，黑白颠倒

❸ ⌨️输入RGB三色数值

❹🖱️单击，返回
图层特性对话框

图4-4 选择颜色

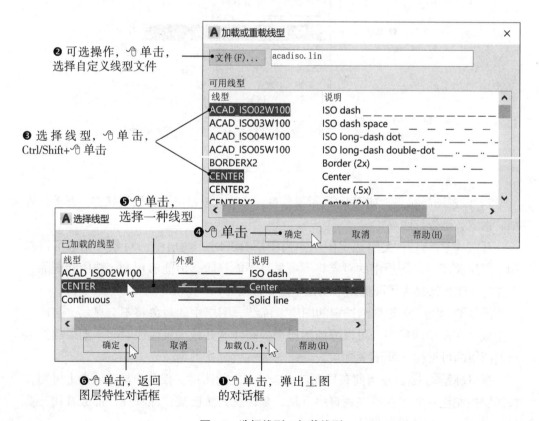

❷ 可选操作，🖱️单击，
选择自定义线型文件

❸ 选择线型，🖱️单击，
Ctrl/Shift+🖱️单击

❺🖱️单击，
选择一种线型

❹ 🖱️单击

❻🖱️单击，返回
图层特性对话框

❶ 🖱️单击，弹出上图
的对话框

图4-5 选择线型、加载线型

6）选择线宽，如图4-3所示操作❺，⊕单击——默认，弹出线宽对话框，如图4-6所示操作，为当前图层选择线宽。线宽值是图样打印输出到图纸上的线条宽度，默认情况下不显示线宽，如果想显示粗线，需要自定义状态栏，添加"显示/隐藏线宽"按钮▤→⊕单击按钮▤ 显示/隐藏线宽，自定义状态栏可参照1.2.7状态栏，如图1-14所示操作❸❹。

参照《房屋建筑制图统一标准》（GB/T 50001—2017）、《风景园林制图标准》（CJJ/T 67—2015），根据图幅大小选择适用的线宽组，基本线宽b常用1.4mm、1.0mm、0.7mm、0.5mm，粗线b、中粗线0.7b、中线0.5b、细线0.25b。如选择基本线宽b=1mm，则粗线=1mm、中粗线=0.7mm、中线=0.5mm、细线=0.25mm。"默认"线宽0.25mm是万金油式的存在。

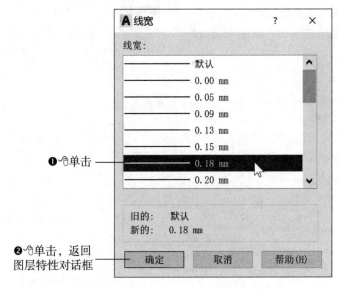

❶⊕单击

❷⊕单击，返回图层特性对话框

图4-6 线宽

7）设置图层状态，如图4-3所示操作❻，⊕单击按钮可设置图层状态，开关、冻结、锁定、是否打印等。

开关 ♀♀，打开/关闭选定图层。当图层打开时，图层中的对象可见也可以打印。图层关闭时，图层中的对象将不可见且不能打印，但能够用ALL选中和删除。工作时关闭图层是为了降低图形的视觉复杂程度。

冻结☼ ❀，解冻/冻结选定的图层。冻结，图层中的对象将不会显示、打印、重生成。在复杂图形中，可以冻结图层来提高性能并减少重生成时间。如果频繁地切换图层的可见性，可开/关图层。

视口冻结▤ ▤，在当前布局视口中冻结选定的图层。仅在布局选项卡上可用，按图层控制注释对象在哪些视口中可见，是传统方法已被"注释性"部分替代，参见8.3注释比例与注释可见性。

锁定🔓🔒，解锁/锁定选定图层。锁定图层上的对象不能被修改但可以对象捕捉，将光标悬停在对象上时显示一个小锁图标。

　　打印🖶 🖶, 是否打印输出选定图层。设置为不打印的图层，图层中的对象仍然显示。关闭或冻结的图层不会打印，不管"打印"设置如何。图层Defpoints是AutoCAD应用程序的工作图层，不能打印输出。

　　8）创建更多新图层并设置图层特性，🖰单击图层名称选择一个参考图层，如图4-3所示操作❼，重复本例的步骤2）~7）创建一个新图层，新图层将继承参考图层的特性。

　　9）删除图层，🖰单击图层名称选择一个图层，🖰单击删除图层按钮🗶，如图4-3所示操作❼❽。删除图层时经常弹出提示框，说明无法删除图层的原因，如图4-7所示。

　　10）选择当前图层，关闭图层特性管理器。🖰单击图层名称选择一个图层，🖰单击将图层置为当前按钮🗶，如图4-3所示操作❼❾❿。绘图等命令创建的新对象，默认放置在当前图层中。

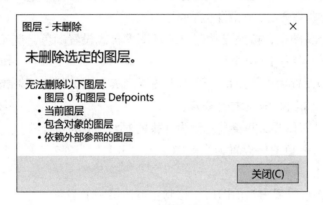

图4-7　无法删除图层

　　　　图层0是默认存在的图层，练习时用得较多，工作中最好是创建明确的图层，如道路、建筑、种植（可再细分的）、图案填充、标注等，分层绘制图形对象。图层Defpoints伴随标注对象自动产生，不能打印输出，不要将其设置为当前图层，也不要在该图层上绘制图形。可创建辅助图层用来绘制辅助线、写笔记等。如果图层特性已设置为使用非连续线型，但在这个图层上绘制的对象仍然显示为实线，参见4.4线型与线型比例。

4.1.2　图层列表

　　图层列表位于图层面板右侧顶行，默认显示当前图层的状态、颜色和名称，🖰单击选择一个图形对象后列表中显示该对象所在的图层，🖰单击列表右端的下拉按钮▼，图层列表下拉展开，如图4-8所示操作❶，列表中的图层按名称的首字母排序。

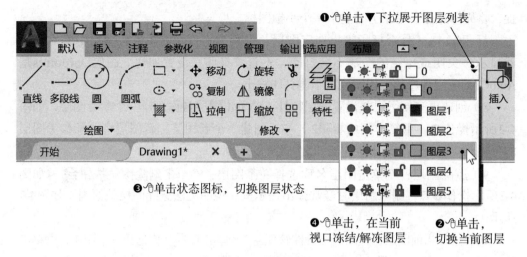

❶单击▼下拉展开图层列表

❸单击状态图标，切换图层状态

❹单击，在当前
视口冻结/解冻图层

❷单击，
切换当前图层

图4-8　图层列表

【例4-2】切换当前图层。分图层绘制奥林匹克五环图案标志，提供一组参考尺寸和绘制思路（非官方），如图4-9所示。

1）创建5个新图层，按照奥林匹克五环图案标志设置颜色，蓝（青）、黄、黑（白）、绿、红，参考【例4-1】。

2）将图层0设置为当前图层，单击图层列表右端的按钮▼下拉展开，在列表中单击图层0，如图4-8所示操作❶❷。

3）绘制辅助三角形，并将其复制为并排的2个，如图4-9所示。

4）将蓝（青）色图层设置为当前图层（参考本例步骤2）），绘制左上角第一个圆环，参考2.4.9圆环。

5）将黄色图层设置为当前图层，绘制左下角第一个圆环。

6）仿照步骤5），切换当前图层，绘制黑（白）、绿、红圆环。

7）将下层圆环向上移动75，参考3.2.2移动。

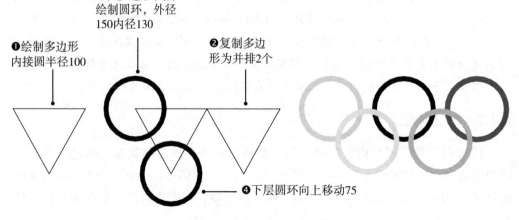

❸在多边形顶点
绘制圆环，外径
150内径130

❶绘制多边形
内接圆半径100

❷复制多边
形为并排2个

❹下层圆环向上移动75

图4-9　奥林匹克五环图案

【例4-3】在图层间搬运图形对象。在默认图层0上绘制奥林匹克五环图案标志，将绘制的圆环分别搬运到5个图层。

1）新建文件。

2）绘制辅助三角形，并将其复制为并排的2个，如图4-9所示。

3）绘制5个圆环，参考2.4.9圆环。

4）将下层圆环向上移动75，参考3.2.2移动。

5）创建5个新图层，按照奥林匹克五环图案标志设置颜色，蓝（青）、黄、黑（白）、绿、红，参考【例4-1】。

6）搬运圆环至目标图层，需要三步操作：拿起——运输——放下，步骤如下：

选择被搬运对象：🖰单击左上角第一个圆环。

搬运至目标图层：🖰单击图层列表右端的按钮▼下拉展开，在列表中🖰单击蓝（青）色图层，如图4-8所示操作❶❷。

释放搬运对象：在绘图区中🖰右击，弹出快捷菜单，🖰单击"全部不选"，或⌨连续敲击两次Escape键，释放图形对象。

7）仿照步骤6），将5个圆环分别搬运至对应的目标图层。

【例4-4】更改图层状态，观察不同状态时图形对象是否可见、是否可以修改等，本例的操作可在【例4-3】的结果文件中继续。

在图层特性管理器中可以批量更改图层状态，如图4-3所示操作❻。在图层列表中切换图层状态更为快捷，🖰单击图层列表右端的按钮▼下拉图层列表，🖰单击状态图标，如图4-8所示操作❶❸。观察图4-8，对比图层4与图层5的状态图标有何不同，状态图标从左至右分别是：开/关、解冻/冻结、解冻/冻结视口、解锁/锁定，每种图层状态是独立的，可以单独设置。

4.1.3　图层工具

图层工具在"图层"面板的右侧中下部，有些工具收纳在滑出式面板中，如图4-2右图所示❹❻。图层工具的共同特征是通过图形对象操作所在图层，一般是选择已经绘制的图形对象指定要操作对象所在图层。

Layoff，关闭，如图4-10所示❶，关闭选定对象所在的图层，可连续选多个图层。

Layon，打开，如图4-10所示❷，打开所有图层。

Layiso，隔离，如图4-10所示❸，隔离选定对象所在图层（出淤泥而不染），可连续选多个图层，隐藏或锁定剩余的图层。隔离的默认设置是隐藏剩余的图层，可以切换为锁定+淡入剩余的图层。

Layoniso，取消隔离，如图4-10所示❹，恢复隔离图层。

Layfrz，冻结，如图4-10所示❺，冻结选定对象所在的图层，可连续选多个图层。

Laythw，解冻，如图4-10所示❻，解冻所有图层。

Layclk，锁定，如图4-10所示❼，锁定选定对象所在的图层，每次仅可选一个图层。

Layulk，解锁，如图4-10所示❽，解锁选定对象所在的图层，每次仅可选一个图层。

Laymcur，置为当前，如图4-10所示❾，将选定对象所在的图层作为当前图层。

Laymch，匹配图层，如图4-10所示❿，将选定对象搬运至目标对象所在图层，可连续选多个对象。

【例4-5】练习图层工具的使用，开关、隔离、冻结、锁定、置为当前、图层匹配。创建3个图层，图层颜色分别设置为红、绿、蓝（不同颜色是为了易于区分图层），分图层绘制圆、六边形、五角星等图形对象，如图4-11所示。练习前将图层0设置为当前图层，因为在练习中如果操作当前图层，命令行会提示"图层*为当前图层，是否关闭/隔离/冻结/锁定它？"，右击，弹出快捷菜单，单击"是（Y）"命令才能执行。

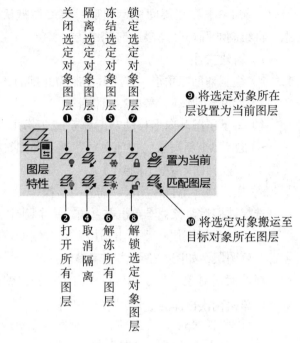

图4-10　图层工具一

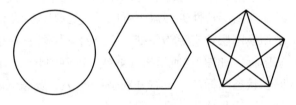

图4-11　图层工具练习

1）关闭图层，单击，如图4-10所示❶→单击圆，圆所在图层关闭→单击六边形，六边形所在图层关闭→右击，弹出快捷菜单，单击"确认"。

2）打开图层，单击，如图4-10所示❷，所有图层打开。

3）隔离图层，单击，如图4-10所示❸→设置隔离剩余图层状态（本步骤是可选操作），右击，单击"设置"，单击"关闭/锁定+淡入"或右击后单击"关闭/锁定+淡入"，如图4-12所示操作→单击圆（可继续单击六边形）→右击，单击"确认"，圆（+六边形）所在图层隔离（保持原有状态），剩余的图层隐藏或锁定+淡入。

4）取消隔离，单击，如图4-10所示❹，恢复隔离剩余的图层。

5）冻结图层，单击，如图4-10所示❺→单击圆，圆所在图层冻结→单击六边形，六边形所在图层冻结→右击，弹出快捷菜单，单击"确认"。

6）解冻图层，单击，如图4-10所示❻，解冻所有图层。

7）锁定图层，🖱单击 🔒，如图4-10所示❼→🖱单击圆，圆所在图层锁定。

8）解锁图层，🖱单击 🔓，如图4-10所示❽→🖱单击圆，圆所在图层解锁。

9）置为当前，🖱单击 ▧，如图4-10所示❾→🖱单击圆，当前图层切换至圆所在图层。

10）匹配图层，🖱单击 ▧，如图4-10所示❿，选择圆和六边形（🖱单击或窗口选择），🖱右击，结束选择→🖱单击五角星，圆和六边形被搬运至五角星所在图层。

图4-12　隔离切换关闭/锁定+淡入

▧Laycur，更改为当前图层，如图4-13所示❷，将选定图形对象搬运到当前图层。

▧Laywalk，图层漫游，如图4-13所示❹，仅显示选定图层上的对象，隐藏剩余图层上的对象。

▧Layvpi，视口冻结，如图4-13所示❺，隔离当前视口中选定对象所在的图层，在除当前视口之外的所有视口中冻结选定对象所在的图层。在引入"注释性"概念以前，利用视口冻结控制尺寸标注在对应的视口中出现，引入"注释性"以后，"注释性"尺寸标注可以仅出现在注释比例与视口比例相等的视口中，参见8.1注释性与非注释性、8.3注释比例与注释可见性，"视口冻结"成为明日黄花。

▧Laymrg，合并图层，如图4-13所示❻，将选定对象所在图层（源图层）合并为一个目标图层，将源图层上的对象移到目标图层，并删除源图层。

▧Laydel，删除图层，如图4-13所示❼，删除选定对象所在图层与图层上的所有对象。

【例4-6】练习图层工具的使用，这组工具收纳在滑出式面板中，如图4-13所示。练习使用【例4-5】中的示例图，如图4-11所示。

1）将图形对象搬运到当前图层。

将当前图层切换至圆所在图层，🖱单击 ▧，如图4-10所示❾，🖱单击圆。

将图形对象搬运到当前图层，🖱单击 ▧，如图4-13所示❷→选择六边形和五角星（🖱单击或窗口选择），🖱右击。六边形、五角星搬运到圆所在图层。

2）图层漫游，🖱单击 ▧，如图4-13所示❹，弹出图层漫游对话框，如图4-14所示选择图层，使用🖱单击、Ctrl/Shift+🖱单击、🖱左键拖动，绘图区中显示选定图层上的对象并隐藏剩余图层上的对象。

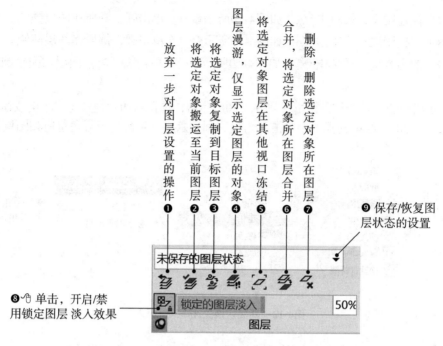

图4-13 图层工具二

①放弃一步对图层设置的操作

②将选定对象搬运至当前图层

③将选定对象复制到目标图层

④图层漫游，仅显示选定图层的对象

⑤将选定对象图层在其他视口冻结

⑥合并，将选定对象所在图层合并

⑦删除，删除选定对象所在图层

⑨保存/恢复图层状态的设置

⑧单击，开启/禁用锁定图层淡入效果

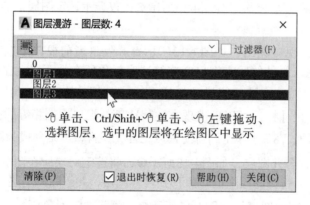

图4-14 图层漫游

3）合并图层，单击 ，如图4-13所示⑥→单击圆，单击六边形，右击→单击五角星→命令行提示"是否继续？［是（Y）/否（N）］＜否（N）＞:"，右击，在弹出的快捷菜单中，单击"是"。将圆和六边形所在图层合并至五角星所在图层，圆和六边形所在图层中的对象移动到五角星所在图层，圆和六边形所在图层被删除。

4）删除图层，单击 ，如图4-13所示⑦→单击圆，圆所在图层隐藏→单击六边形，六边形所在图层隐藏→命令行提示"是否继续？［是（Y）/否（N）］＜否（N）＞:"，右击，在弹出的快捷菜单中，单击"是"，圆和六边形所在图层被删除。

4.1.4　将对象复制到新图层CopyToLayer

1. 命令功能

将一个或多个对象复制到其他图层，在指定的图层上创建选定对象的副本。可以选择现有图层作为目标图层，也可以输入名称来创建新图层，新图层将继承当前图层的特性。

2. 启动方法

命令按钮：依次单击"默认"选项卡→"图层"面板滑出→ 将对象复制到新图层，如图4-13所示操作❸。

键盘输入：输入CopyToLayer→敲击Enter键（回车键）。

3. 操作步骤

【例4-7】将对象复制到其他图层，练习使用【例4-5】中的示例图，原始图形如图4-15左图所示，结果如图4-15所示，图中的虚线对象是为了区分不同图层。

1）启动将对象复制到新图层命令，单击或输入CopyToLayer回车，如图4-13所示操作❸。

2）选择要复制的对象，单击或窗口选择圆和六边形，右击（结束选择）。

3）选择目标图层，命令行提示"选择目标图层上的对象或［名称（N）］<名称（N）>："。选择目标图层有三种方法：

① 选择目标图层上的对象来选择该图层，单击五角星。

显示图层列表，右击弹出快捷菜单，在快捷菜单中单击"名称"，如图4-16所示操作❶。

② 从图层列表中选择目标图层，单击图层名称，单击"确定"，如图4-16所示操作❷❹。

③ 输入目标图层名称来创建新图层，输入目标图层名称，如：04→单击"确定"，弹出创建图层对话框→单击"是"，如图4-16所示操作❸❹❺。

4）指定复制的对象副本位置，命令行提示"指定基点或［位移（D）/退出（X）］<退出（X）>："，单击第一点作为基点→单击第二点作为位移的第二点，参考3.2.4复制。

图4-15　跨图层复制对象

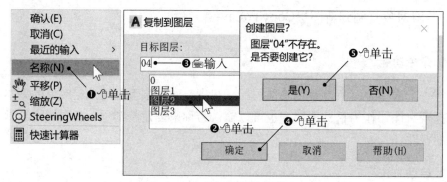

图4-16 将对象复制到其他图层

4.2 图块

块是合并到单个命名对象的对象集合，在绘图过程中，如果一组图形对象要重复使用多次，一般将其定义为图块。通过一组用作图块的源图形对象创建一个块定义，块定义是可以多层嵌套的，即一个图块中可以包含次一级的图块，分解命令可以将其逐层剥开。插入块时，将基于块定义生成相应图形，插入的每个块是对块定义的"块参照"，是块定义的一个"实例"，简称为"块"。如果编辑或重新定义块定义，该图形中插入的所有块都将自动更新。通过多次使用块而不是每次复制原始图形，可以减小图形文件的大小。

创建块定义、插入块等与图块相关的命令和工具，如图4-17所示。上图是"默认"选项卡中的块面板，向下滑出展开后如右上图。下图是"插入"选项卡中的块面板和块定义面板，图标更大、有文字注释的图标也更多。

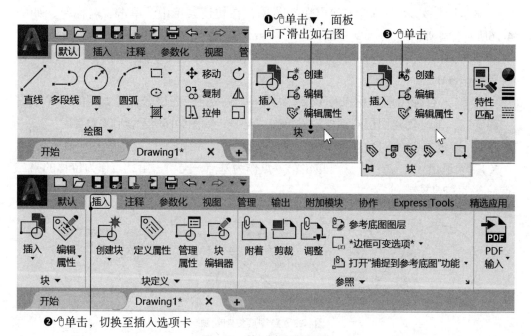

图4-17 块、块定义面板

4.2.1 创建块定义Block

1. 命令功能

通过一组用作块的源图形对象创建一个块定义，源对象可以保留、转换为块或从图形中删除。

2. 启动方法

🖰命令按钮：依次单击"默认"选项卡→"块"面板→ 创建⊡✳️，如图4-17所示操作❸。或依次单击"插入"选项卡→"块定义"面板→创建块⊡✳️。

⌨键盘输入：⌨输入Block→敲击Enter键（回车键）。

3. 操作步骤

【例4-8】创建一个树木符号块定义。如图4-18所示，图4-18a是要包括在块定义中的源对象；🖰单击源图形对象，仅选中其中的一条直线，如图4-18b所示；图4-18c是一个插入的块，🖰单击会作为一个对象被整体选中，块基点是唯一的特征点。

源图形对象　　　　　源图形单击仅选中一条直线　　　　　单击图块整体选中
a）　　　　　　　　　　b）　　　　　　　　　　　c）

图4-18　插入的一个图块被视为一个对象

1）把0层置为当前图层，或在特性面板中将"当前特性"设置为ByBlock，如图4-35所示，将颜色、线宽、线形均设置为ByBlock。

2）绘制要在树木符号块定义中使用的源对象，如图4-18a所示，一个圆和若干直线段。参考3.3夹点编辑，【例3-38】。

3）启动创建块定义命令，依次单击"默认"选项卡→"块"面板→ 创建✳️，如图4-17所示操作❸，弹出块定义对话框，如图4-19所示。

4）输入块名称，⌨输入图块名称，如：tree01/shou01，如图4-19所示操作❶。

5）指定块基点（☻✳️🐾一定要做呀，别忘了哈），🖰单击"拾取点"，块定义对话框隐藏，在绘图区中捕捉树木符号的中心点🖰单击，返回对话框，如图4-19所示操作❷。插入块时基点放置在定植点坐标上，如果创建块定义时忘了指定基点，则默认为坐标系原点。

6）选择源对象，🖰单击"选择对象"，块定义对话框隐藏，在绘图区中选择要包括在块定义中的源对象，🖰右击或⌨回车，结束选择返回对话框。源对象可以保留/转换为块/删除，"转换为块"将源对象原位转换为一个块，如图4-19所示操作❸❹。

7）注释性，如图4-19所示操作❺，注释性决定了插入块时是否自动×注释比例。勾选☑，用于已知块在图纸上尺寸的块定义，如标高符号，插入的块在模型空间的尺寸=块定义时源图形对象尺寸×注释比例。不勾选☐，用于已知块在现实世界尺寸的块定义，如一个树木符号代表了一棵冠径3m的树，插入模型空间的块尺寸与注释比例无关。参见8.1注释性与非注释性。

8）按统一比例缩放，如图4-19所示操作❻，指定插入块是否可以不按统一比例缩放。勾选☑，插入块时X，Y，Z三个轴向仅可以等比例缩放。不勾选☐，插入块时可单独设置X，Y，Z三个轴向的缩放比例。

9）允许分解，如图4-19所示操作❼。指定插入的块是否可以被分解，参见3.2.17分解。

10）块单位，如图4-19所示操作❽。如这个树木符号代表冠径3m的一棵树，源图形中绘制的圆直径=3，则块单位选择"米"，绘制的圆直径=3000，则块单位选择"毫米"。也可以选择"无单位"，在插入块的图形文件中设置插入单位，参见5.2.1设置图形单位格式。

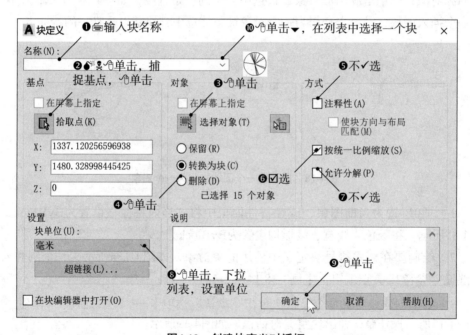

图4-19　创建块定义对话框

创建树木符号块定义时基点取那组源图形对象的中心点，插入树木符号块时基点放置在定植点坐标上，如果创建块定义时忘了指定基点，则默认为坐标系原点，插入块时就像拿着一块棒棒糖了。绘制块定义中使用的源对象前，把0层置为当前图层，或在特性面板中将"当前特性"设置为ByBlock，创建的块定义特性是"透明"的，插入的块将继承"当前特性"或当前图层特性，参见4.3.2随层、随块、个体特性。

4.2.2　块的组织和存储

创建图块定义，块定义中的所有信息（包括几何图形、图层、颜色、线型和块属性对象）均作为非图形格式存储在图形文件或图形样板文件的块存储区中（块表），图形文件存盘时当前文件中的块定义会随文件保存下来。

在单个图形文件中创建块定义库，文件中存储的块定义可以分别插入到其他图形中，除了存储有大量块定义，块库文件与其他图形文件没有区别。Autodesk自备的块定义库在AutoCAD安装路径\Sample\zh-cn\DesignCenter文件夹中，动态块定义库在\Sample\zh-cn\Dynamic Blocks文件夹中。用户可分类创建不同的自定义块库文件，如分别创建树木、置石两个文件，需要为新符号添加块定义时，打开对应的块库文件，创建新块定义后保存文件。

【例4-9】创建树木平面符号块定义库。

1）新建一个图形文件，用于存储块定义。

2）绘制树木平面符号源图形，如图4-20所示。可参考《风景园林制图标准》（CJJT 67—2015）（植物图例），《园林景观设计常用素材CAD图集》（ISBN 978-7-5083-3809-X，筑龙网组编）。

3）创建块定义，参见【例4-8】，将树木平面符号源图形一棵一棵的定义为块，命名为tree001、tree002、tree003……或shou001、shou002、shou003……，源图形可以保留/转换为块/删除。

4）保存文件，可将其命令为TreeBlock.dwg。

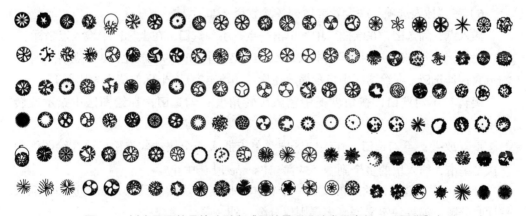

图4-20　树木平面符号块（引自《园林景观设计常用素材CAD图集》）

4.2.3　插入块Insert

插入块可使用多个工具：块选项板、工具选项板、设计中心。

块选项板有三个页面组织不同来源的块定义，预览区域显示当前选项卡可用块的预览或列表，预览图右下角的图标 ▲ 指示该块为注释性，闪电图标⚡指示该块为动态块。

"当前图形"选项卡，显示当前图形中可用块定义的预览或列表。

"最近使用"选项卡，显示最近创建或从其他图形中插入的块定义。

"库"选项卡，显示一个文件夹里多个库文件中的块定义，或一个图形文件中的块定义，可以插入图形文件中的任何一个块定义，也可以将整个图形文件作为一个块插入。

块选项板中的块定义，可以使用多种方法插入当前图形：

在"插入选项"中设置比例、旋转等参数→🖰单击块定义→在绘图区中🖰单击。

将块🖰拖动到绘图区中，"插入选项"中设置的参数被忽略。

在块定义上🖰右击，弹出快捷菜单→🖰单击一个选项插入。

【例4-10】插入块，练习功能区块定义库、块选项板的使用。

1）启动插入块命令，依次🖰单击"默认"选项卡→"块"面板→插入⬚📷，如图4-21所示操作❶，在功能区显示当前图形中的块定义预览（功能区库），如图4-21右图所示。

2）利用功能区块定义库插入块，🖰单击功能区库中的一个块定义→在绘图区中🖰单击，如图4-21所示操作❷❸。

3）打开块选项板，如图4-21所示操作❹，可拖动标题栏将其停泊在绘图区右侧，🖰单击标题栏中的控件开关自动隐藏。

4）切换至"当前图形"选项卡，如图4-21所示操作❺。

5）将块🖰拖动到绘图区中，如图4-21所示操作❻，该操作与步骤2）利用功能区块定义库插入块等效。

6）在"插入选项"中设置参数，各参数释义如下：

插入点：勾选☑，在绘图区中🖰单击一点；不勾选☐，在坐标框中输入点坐标。

比例：不勾选☐，在比例框中输入X，Y，Z三个轴向的缩放比例，1=原始尺寸，>1放大；勾选☑，在绘图区中指示缩放比例（🖰单击2点取坐标差值作为比例）。

旋转：不勾选☐，在角度框中输入旋转角度；勾选☑，在绘图区中指示旋转角度。

重复放置：不勾选☐，在绘图区中🖰单击插入一个块；勾选☑，可在绘图区中多次🖰单击，插入块的多个副本，⌨敲击Escape键⎋中止。

分解：不勾选☐，插入的块是一个整体，便于对块的后续操作；勾选☑，插入块同时分解，如果块定义嵌套多层则仅分解最外一层。

如图4-21所示操作❼❽，设置X轴方向放大2倍、逆时针旋转30°。

7）采用"插入选项"中设置的比例、旋转等参数插入块，🖰单击块定义→在绘图区中🖰单击，如图4-21所示操作❾❿，插入的块横向放大了2倍、逆时针旋转了30°，分解插入的块不等比例变形会保留下来。

8）插入最近创建或插入的块定义，切换至"最近使用"选项卡，如图4-22所示操作❶，显示最近创建或从其他图形插入的块定义，插入块的方法与在"当前图形"选项卡中相同，参见本例步骤5）6）7）。

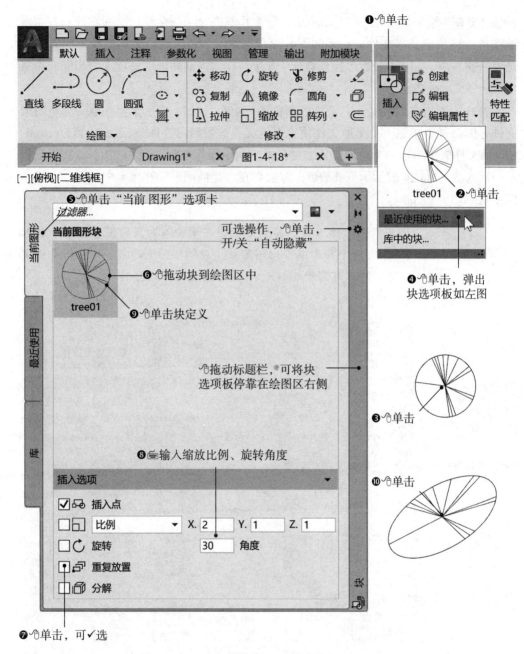

图4-21　功能区块定义库与块选项板插入块

9）插入其他图形文件中的块定义。切换至"库"选项卡，如图4-22所示操作❷。

打开一个块定义库文件夹。单击浏览控件，如图4-22所示操作❸→浏览图形文件存储路径，找到Autodesk自备的块定义库文件夹，AutoCAD默认安装路径C:\Program Files\Autodesk\AutoCAD 2021\Sample\zh-cn\DesignCenter，动态块在\Sample\zh-cn\Dynamic Blocks→单击选择文件夹DesignCenter后返回，如图4-23所示操作❶❸→结果如图4-22左上图所示，每个预览图显示一个块定义库文件→双击预览图进入该块定义库文件，结果如图4-22右下图所示，生成块缩略图预览时有短暂延迟→插入块，如图4-22所示操作❺❻，方法与在"当前图形"选项卡中相同，参见本例步骤5）6）7）。

打开一个指定图形文件。☝单击浏览控件，如图4-22所示操作❸→浏览图形文件存储路径，指定一个图形文件预览块定义，练习时可在DesignCenter或Dynamic Blocks文件夹中指定一个块库文件，如图4-23所示操作❷❸，结果如图4-22右下图所示→插入块，如图4-22所示操作❺❻，方法与在"当前图形"选项卡中相同，参见本例步骤5）6）7）。

从其他图形插入块，其块定义会同步输入到当前图形中来。插入块时在X，Y两个轴向不等比例缩放，分解块图形的不等比变形会保留下来，这一思路可用于绘制X，Y轴比例尺不同的图形。

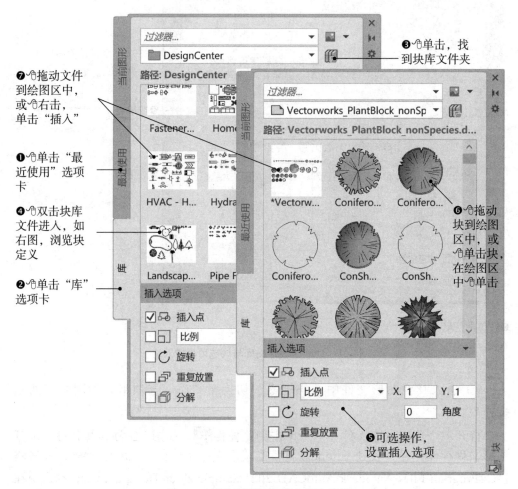

图4-22　块选项板插入库文件中的块

图4-23　选择块库图形文件或文件夹

4.2.4　将一个图形文件作为块插入

1. 通过块选项板插入

打开块选项板，如图4-21所示操作❶❹→切换至"库"选项卡，如图4-22所示操作❷→🖱单击浏览控件🗂，如图4-22所示操作❸→浏览图形文件存储路径，打开一个图形文件夹或一个图形文件，如图4-23所示操作，结果如图4-22所示→🖱拖动图形文件预览图到绘图区中，或在文件预览图上🖱右击，弹出快捷菜单，🖱单击"插入/插入并分解"，如图4-22所示操作❼。

2. 利用剪贴板中的"粘贴为块"

打开将作为块插入的图形文件，快捷键⌨Ctrl + a选择全部对象→🖱单击复制对象🗒，将全部对象复制到剪贴板→打开目标图形文件，🖱单击粘贴下的展开器▼，🖱单击粘贴为块🗒，将剪贴板中的对象作为块粘贴到当前图形中。参见3.2.5跨文档复制，【例3-6】，如图3-9所示操作❸❹❺。

3. 从 AutoCAD 应用程序外拖放

从Windows资源管理器、文件资源管理器或任一文件夹中，🖱拖动*.dwg图形文件至AutoCAD应用程序的绘图区域中，释放鼠标按钮后，按照提示指定插入点、缩放比例和旋转角度。

　　将整个图形文件作为块插入，其中所有的块定义会同步输入到当前图形中来。插入的图形文件与当前图形尺度差距可能巨大，如果看不到插入的图形可缩放当前视口，参见1.5控制当前视口显示。

4.2.5 修改块定义和重新定义块

块编辑器提供了在当前图形中修改块定义的最简单方法，在块编辑器中修改块并保存将替换现有块定义，当前图形中该块的所有参照同步更新。块编辑器打开后覆盖整个绘图区域，左侧默认显示"块编写"选项板、功能区显示多个面板、上下文功能区选项卡"块编辑器"追加在末尾，功能区和选项板中，是用于创建动态块时添加参数、动作的命令和工具，如图4-25所示，仅用来修改块定义实属"杀鸡用牛刀"。从其他图形文件插入的块，尺度可能与当前图形不匹配，或创建块定义时忘了指定基点，这就需要修改块定义。

修改块定义的另一种方法是重新定义块，创建新的块定义时选择现有块名称，新的块定义将替换现有块定义，当前图形中已插入的这个块同步更新。

 AutoCAD 2021块编辑器的背景颜色呈中灰色，默认颜色绘制的块图形反差较小不易识别，可仿照1.2.1应用程序按扭中1.恢复传统颜色，更改"块编辑器—统一背景"的颜色设置。

【例4-11】修改块定义，在块编辑器中更改块定义基点。

在块编辑器中，UCS 图标的原点指示了块的基点，正常的树木符号块定义，UCS图标在图形中心，如图4-25所示❶，如果创建块定义时忘了指定基点，可移动块定义图形，将中心移至坐标原点。添加基点参数也可以更改块的基点，但不是优化的选择。

1）插入一个树木符号块。

2）双击插入的块，单击"确定"，如图4-24所示操作❶❷。打开块编辑器，如图4-25所示。

3）切换至默认选项卡，如图4-25所示操作❷，在块编辑器中，使用默认选项卡中的修改命令修改块定义。

4）移动块定义图形，将中心移至坐标原点。参见3.2.2移动。

选择块定义中全部图形，Ctrl+A。参见3.1选择图形对象中7.全选。

启动移动命令。

指定移动基点，在块定义图形中心，单击，如图4-25所示操作❹。

指定目标点，输入0，0回车。

5）切换回"块编辑器"选项卡，保存块定义，关闭块编辑器，如图4-25所示操作❺❻❼。

【例4-12】修改块定义，在块编辑器中参照缩放块图形尺寸。

1）从其他图形文件插入一个树木符号块，方法参见【例4-10】步骤8）9）。观察插入的块，尺寸与当前图形不匹配，有时尺寸差距悬殊，需要缩放当前视口仔细查找，参见1.5控制当前视口显示。

2）双击插入的块，单击"确定"，如图4-24所示操作❶❷。打开块编辑器，如图4-25所示。

3）切换至默认选项卡，如图4-25所示操作❷，在块编辑器中，使用默认选项卡中的修改命令修改块定义。

4）修改块中图形，缩放树木符号至直径3000（假设树木冠径3m），参见3.2.8缩放对象中【例3-9】参照缩放对象。也可以绘制/删除块中图形。

5）切换回"块编辑器"选项卡，保存块定义，关闭块编辑器，如图4-25所示操作❺❻❼。

6）插入修改后的块，从功能区块定义库或"当前图形"选项卡插入，参见【例4-10】。如图4-24所示操作❸，新插入的树木符号直径3000。

【例4-13】重新定义块。

1）准备块定义中使用的源对象，全新绘制一组图形，或插入块→分解→缩放、移动等修改后作为源对象。

2）块名称，选择那个需要重新定义的块名称，参见4.2.1创建块定义中【例4-8】，如图4-19所示，仅以步骤❿的操作替代❶，如图4-26所示。

3）参照4.2.1创建块定义中【例4-8】，完成剩余步骤。

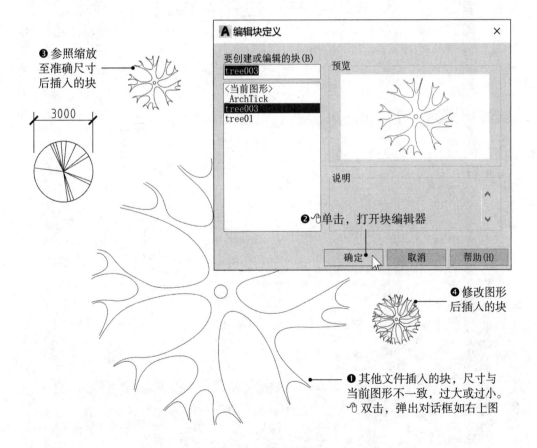

图4-24 修改块定义

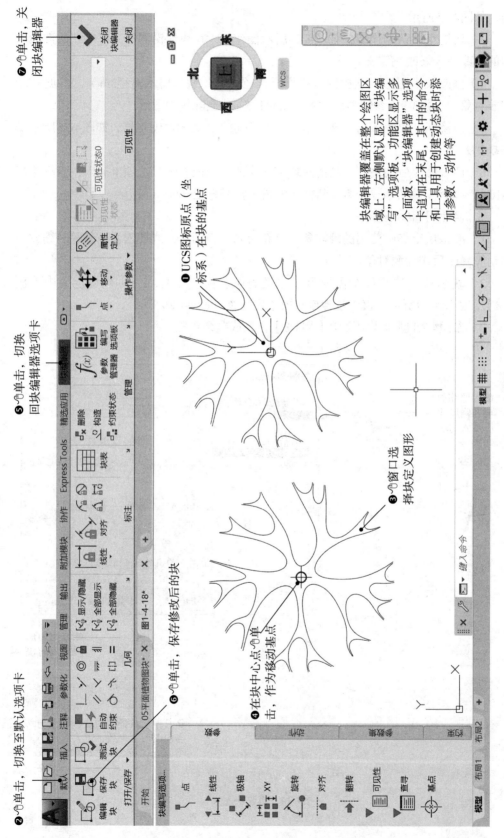

图4-25 块编辑器

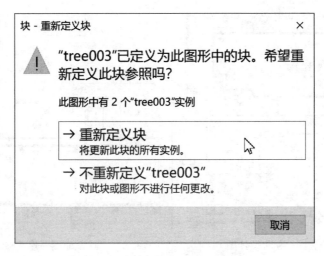

图4-26　重新定义块提示对话框

4.2.6　创建带属性的块

　　属性是将数据附着到块上的标签或标记，如树木符号块的属性中可能包括树种名称、规格、价格、注释等。将属性附着到块上的方法是：创建一个或多个属性定义，在创建块定义时，将属性包含在源对象中。每次插入附着属性的块时，可以为属性指定不同的值。

　　《风景园林制图标准》（CJJ/T 67—2015）中，标高符号相关内容引用了《房屋建筑制图统一标准》（GB/T 50001—2017）。标高符号应以直角等腰三角形表示，总平面图室外地坪标高符号，宜用涂黑的三角形表示，具体画法如图4-27所示。标高数字应以米为单位，注写到小数点以后第3位。在总平面图中，可注写到小数点以后第2位。零点标高应注写成 ± 0.000，正数标高不注 "+"，负数标高应注 "—"，例如 3.000、−0.600。标高符号应用示例如图4-28所示。

　　【例4-14】创建附着属性的标高符号块，插入标高符号。

　　1）新建文件，或打开块定义库文件，把0层置为当前图层。

　　2）绘制标高符号块的源图形对象。

　　如图4-27左二图所示，先绘制一个半径为3的辅助圆→绘制多段线，顺序捕捉右象限点、下象限点、左象限点，一笔绘制出标高符号图形。

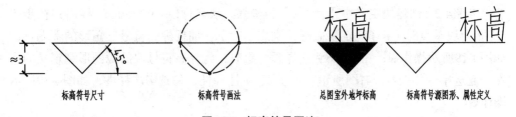

图4-27　标高符号画法

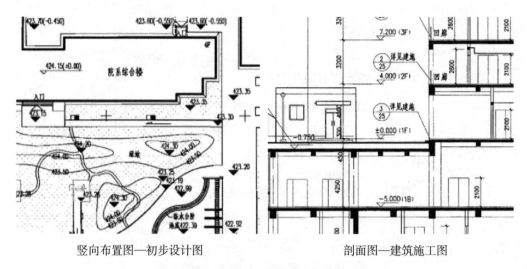

竖向布置图—初步设计图　　　　　剖面图—建筑施工图

图4-28　标高符号应用示例（引自国家建筑标准设计图集）

3）定义属性。

启动定义属性命令，依次🖱单击"插入"选项卡→"块定义"面板→定义属性🖼，如图4-29所示操作❶❷，弹出属性定义对话框。

如图4-30所示操作，❶标记，⌨输入字符"标高"。❷提示，⌨输入字符"请输入标高"。❸默认，⌨输入默认标高数值，±0.000，特殊字符"±"输入控制代码%%p或Unicode字符串\U+00B1，即⌨输入%%p0.000或\U+00B10.000。❹对正，🖱单击，在下拉列表中找到"右对齐"，标高数值与标高符号图形右端对齐。❺文字样式，单击，在下拉列表中选择标注用文字样式，练习时可保持默认。❻文字高度，⌨输入3.5。❼🖱单击"确定"，对话框关闭，在绘图区中捕捉标高符号引线的右端点，🖱单击。

　　　　　"标记"是这个属性的名称，是属性定义完成后在绘图区中表示属性的符号，与标高符号块源图形右端点对齐，如图4-27右图所示。

　　　　　"提示"是在插入标高符号块时的提示信息，将显示在编辑属性对话框或命令行中。"默认"是在插入标高符号块时，预置给标高的默认数值。"文字样式"，标注用文字样式需要单独定义，参见8.2.1标注用文字样式的定义。

4）创建标高符号块。

参照4.2.1创建块定义中【例4-8】的步骤。块名称Level/biaogao/标高；在步骤5）指定块基点时（👆💀一定要做呀，别忘了哈），捕捉标高符号三角形的下端点，如图4-19所示操作❷；在步骤6）选择源对象时，将标高符号块的源图形和定义的属性一起选中，如图4-27右图所示；在步骤7）注释性，勾选☑注释性，如图4-19所示操作❺。

5）插入标高符号块。

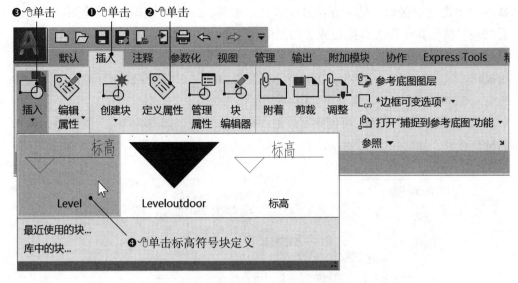

图4-29 定义属性，插入附着属性的块

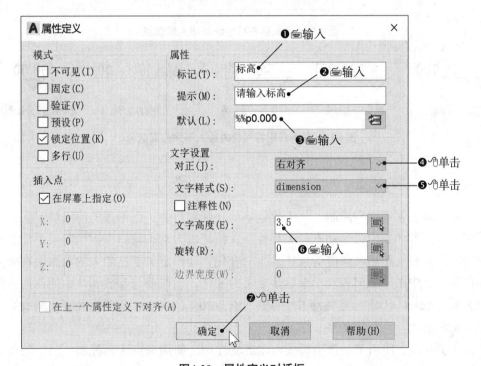

图4-30 属性定义对话框

标高符号块附着有属性，插入方法与普通块基本相同，参见4.2.3插入块。标高符号块是注释性块（创建时勾选了"注释性"），插入时在"插入选项"中比例=1，如图4-21所示，块的缩放倍数由注释比例确定，插入前先选择当前视图的注释比例（练习时暂且忽略），参见8.2.5选择注释比例。

依次单击"插入"选项卡→ "块"面板→ 插入，如图4-29所示操作

❸→🖰单击功能区库中的标高符号块定义，如图4-29所示操作❹→在绘图区中可以看到块"粘"在光标上，捕捉或移动光标到需要插入标高符号的位置，🖰单击，弹出编辑属性对话框→⌨输入标高数值和前后缀字符，🖰单击"确定"，如图4-31所示操作。保持标高默认值%%p0.000与分别输入4.000（2F）、–5.000（1B）、168.18（%%p0.00），插入的标高符号如图4-32所示。

6）仿照本例的步骤，可创建室外地坪标高符号块，如图4-27右二图所示，插入的标高符号，如图4-32右图所示。

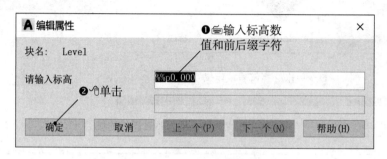

图4-31　插入标高符号块时输入属性值

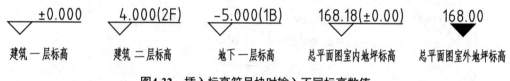

图4-32　插入标高符号块时输入不同标高数值

4.2.7 动态块的使用

动态块包含规则和限制，用于控制块的外观和行为。已创建的静态块定义，可使用块编辑器向其中添加动态行为和控制，使其成为动态块。参数预定义了动态块中图形的位置、距离和角度等可能发生的变化，动作定义了已插入的动态块在夹点操作下，块中图形如何表现出参数预定义的变化，动作要与参数和块中的几何图形相关联。AutoCAD官方提供动态块样例已有近20年的历史，但曲高和寡，鲜有第三方开发动态块。

【例4-15】使用工具选项板插入动态块样例，使用夹点编辑控制"门"的外观和行为。

1）打开工具选项板窗口。

依次🖰单击"视图"选项卡→"选项板"面板→工具选项板▦，如图1-13所示操作❸。

2）插入动态块"门"。

🖰单击"建筑"选项卡→🖰单击"门—公制"→在绘图区中一点🖰单击，如图4-33所示操作❶❷❸。

3）查看动态块"门"的夹点。

单击插入的动态块"门"，所有夹点显示出来，如图4-33所示操作❹。

4）使用夹点编辑控制"门"的外观和行为。

门的尺寸，单击门右端的尺寸夹点▶，左右移动光标至门的另一个尺寸刻度线，单击，如图4-33所示操作❺。

打开角度，单击门左上角的打开角度夹点▼，弹出打开角度列表，单击另一个打开角度，如图4-33所示操作❻。

墙体厚度，单击门左下角的墙体厚度夹点▼，上下移动光标至另一个墙体厚度刻度线，单击，如图4-33所示操作❼。

开门方向，单击开门方向夹点⬇⬆，切换开门方向，里开／外开，如图4-33所示操作❽。

悬挂门的边（左开／右开），单击悬挂门的边夹点➡⬅，切换铰链所在门边，左开／右开，如图4-33所示操作❽。

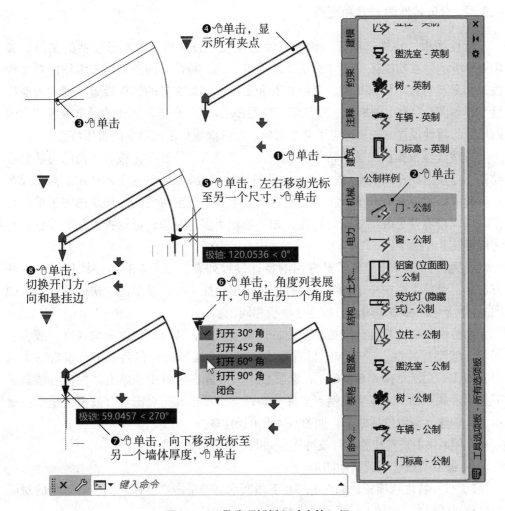

图4-33 工具选项板插入动态块—门

4.3 对象特性Properties

　　每个对象都具有自身的特性，有些特性是常规特性，如图层、颜色、线型、线型比例、线宽、透明度和打印样式等，有些特性是某类对象所特有的，如圆的半径和面积，直线的长度和角度。

　　"当前特性"是指图形文件中常规特性的当前设置，自"当前"时间点起，新创建的对象将具有这些特性，新建的图形文件"当前特性"被重置为默认值。在功能区中的"默认"选项卡上，"特性"面板用来设置最常用的"当前特性"，如图4-34右上图所示，一般是全部保持默认值"随层ByLayer"，不设置对象的"个体特性"，新创建的对象其颜色、线宽、线型等继承"当前图层"的特性设置。如果仅以颜色来理解对象特性，你可以把图层想象成是透明的玻璃房子，对象在哪种颜色的房子里看上去就是哪种颜色。在极简单的草图里可以不分图层，为单个对象指定"个体特性"来区分它们。

4.3.1 对象特性的查看和更改

　　特性面板、特性选项板、快捷特性选项板是查看和更改对象特性的工具，如图4-34所示。在功能区中的"默认"选项卡上，"特性"面板显示最常用的对象特性，如果没有选定任何对象，可以查看和更改该图形文件的当前设置，即"当前特性"，如图4-34右上图所示，默认值"随层ByLayer"是指新创建的对象继承"当前图层"的特性设置。如果选定了某个对象，特性面板显示该对象的常用特性。

　　特性选项板提供完整的特性设置列表，🖱单击"特性"面板右下角的对话框启动器图标↘，如图4-34所示操作❶，打开特性选项板如图4-34左下图所示。如果没有选定对象，可以查看和更改将用于所有新对象的"当前特性"。如果选定了单个对象，可以查看并更改该对象的特性。如果选定了多个对象，可以查看并更改它们的常规特性。

　　快捷特性选项板提供了最常用的特性设置列表，如图4-34右中图所示，打开方法是：🖱单击选中一个对象→🖱右击，弹出快捷菜单，🖱单击"快捷特性"，如图4-34所示操作❸❹。用法与特性选项板相同。

　　在特性面板、特性选项板、快捷特性选项板中，都可以更改对象特性。颜色、图层、线型等特性，🖱单击栏目右端的▼展开下拉列表→在列表中🖱单击一个选项，如图4-34所示操作❺❻❼，在选项板中，可先在栏目中🖱单击，栏目右端显示下拉列表展开器▼。线型比例、坐标等特性，🖱单击或🖱双击现有数值（呈反白显示），⌨输入新数值后回车，如图4-34所示操作❽。

　　【例4-16】查看和更改对象特性，如图4-34所示。

　　1）绘制直线、圆或其他图形。

　　2）打开特性选项板，如图4-34左下图所示。🖱单击"特性"面板右下角的对话框启动器图标↘，如图4-34所示操作❶。

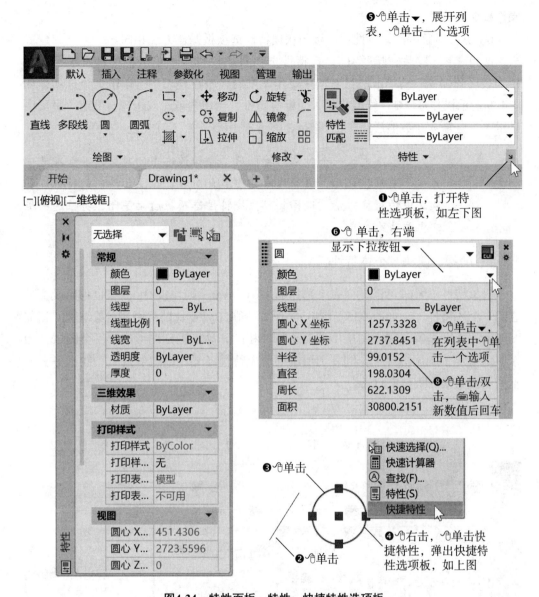

图4-34 特性面板、特性、快捷特性选项板

3）查看对象特性。

单击直线，如图4-34所示操作❷，查看特性面板和特性选项板中显示的信息。

单击圆，如图4-34所示操作❸，这时直线、圆都被选中，查看特性面板和特性选项板中显示的信息，仅显示多个对象的共有信息。

4）释放选中的对象，复位对象特性信息，特性面板和特性选项板中显示"当前特性"。连续2次敲击Escape键，或右击，弹出快捷菜单，单击"全部不选"。

5）打开快捷特性选项板，如图4-34右中图所示。单击圆，右击，弹出快捷菜单，单击"快捷特性"（单击"特性"则打开特性选项板），如图4-34所示操作❸❹。

6）更改对象特性，特性选项板与快捷特性选项板操作方法相同。

颜色、图层、线型等特性，在特性选项板的栏目中🖱单击，栏目右端显示下拉列表展开器▼→🖱单击栏目右端▼展开下拉列表→在列表中🖱单击一个选项，如图4-34所示操作❺❻❼。线型比例、坐标等特性，🖱单击或🖱双击现有数值（呈反白显示），⌨输入新数值后回车，如图4-34所示操作❽。

查看或更改一个对象的特性后，要释放选中的对象，否则在选中另一个图形对象后，由于同时选中多个对象，仅显示共同的特性。释放选中的对象，清空选择集，快捷特性选项板自动关闭，特性选项板需要手动关闭。

4.3.2　随层、随块、个体特性

对象特性设置时可以在列表中选择随层ByLayer、随块ByBlock，也可以设置独立的"个体特性"，如图4-35、图4-36所示。随层ByLayer最常用，对象继承"当前图层"的特性设置，同一图层中的对象特性相同，易于识别图形属于哪个图层。如果明确指定"个体特性"，同一图层中的对象特性各异（颜色、线宽、线型等），不利于视觉上判断对象归属。

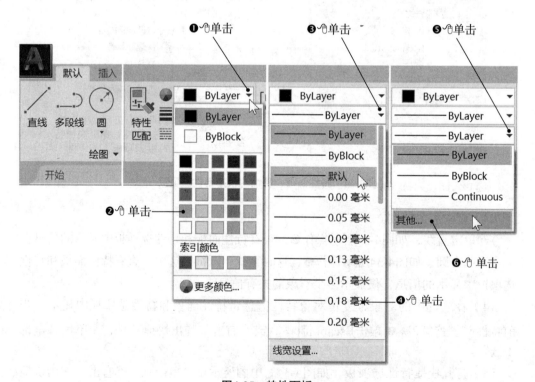

图4-35　特性面板

线型管理器

❶单击

线型过滤器		加载(L)...	删除
显示所有线型	□ 反转过滤器(I)	当前(C)	显示细节(D)

❷单击，显示底部的详细信息

当前线型：ByLayer

线型	外观	说明
ByLayer	——	
ByBlock	——	
ACAD_ISO02W100	— — —	ISO dash _____
ACAD_ISO03W100	— — —	ISO dash space ____
CENTER	—·—·—	Center _____
Continuous	——	Continuous

❸⌨ 输入新数值

详细信息

适用于新创建的对象，可理解为"当前特性"

名称(N)：

说明(E)：

☑ 缩放时使用图纸空间单位(U)

全局比例因子(G)：1.0000

当前对象缩放比例(O)：1.0000

ISO 笔宽(P)：1.0 毫米

确定　取消　帮助(H)

图4-36　线型比例

随块ByBlock仅用于块定义的源图形。将"当前特性"设置为ByBlock，绘制用于块定义的源图形，源图形将采用默认特性（7号索引颜色、默认线宽、连续线Continuous）。将块插入到图形中时，该块先继承当前特性，然后继承图层特性，如表4-1所示的第一种组合。常用的工作流程更为简化：当前特性保持默认值ByLayer→当前图层0层，绘制源图形，创建块定义→将目标图层设置为当前图层，插入块，插入的块对象继承目标图层的特性，如表4-1所示的第二种组合。"当前特性"设置、当前图层、块对象特性之间的关系示例，如图4-37所示。

表4-1　块对象特性的影响因素

当前特性（绘制块定义源图形）	当前图层（绘制源图形）	插入块的对象特性
ByBlock	任意图层	先继承当前特性，再继承图层特性
ByLayer	图层0	继承当前图层的特性
个体特性	非0图层	保持原特性

源图形层 ——
块定义、插入层 — —
正方形绘制在0层
圆=ByLayer
三角形=ByBlock
块源图形绘制图例

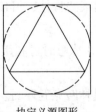  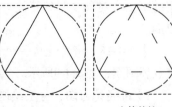

块定义源图形　　插入时当前特性：ByLayer　　ByBlock　　个体特性

图4-37　对象特性ByLayer/ByBlock

4.3.3 设置为随层SetByLayer

1. 命令功能

将非锁定图层上选定对象的特性更改为随层ByLayer。适用于将选定对象和插入块的颜色、线型、线宽、材质、打印样式、透明度等特性，批量更改为随层ByLayer。

2. 启动方法

命令按钮：依次单击"默认"选项卡→"修改"面板→设置为随层ByLayer，仿照图3-40所示操作❶❸。

键盘输入：输入SetByLayer→敲击Enter键（回车键）。

3. 操作步骤

【例4-17】将选定对象的特性更改为随层ByLayer，图块仍保持原有特性。

1）启动命令设置为随层ByLayer：单击设置为随层ByLayer命令按钮或输入SetByLayer回车。

2）设置要更改的特性：本步为可选操作，可取消不需要更改的特性，默认更改颜色、线型、线宽、透明度等特性。右击→单击"设置（S）"，弹出"SetByLayer设置"对话框→单击核选框，取消勾选不需要更改的特性。

3）选择对象：输入all回车（选择所有对象），或单击、窗选对象，右击结束选择。

4）命令行提示"是否将ByBlock更改为ByLayer？"，右击，弹出快捷菜单→单击"否（N）"。

5）命令行提示"是否包括块？"，右击，弹出快捷菜单→单击"否（N）"。

4.3.4 特性匹配MatchProp

将一个源对象的特性复制给目标对象，可以复制的特性包括颜色、图层、线型、线型比例、线宽、打印样式等，默认情况下，可应用的所有特性都自动地从选定的第一个对象复制到其他对象。如果不希望复制某些特性，可使用"设置"选项取消。

【例4-18】将特性从一个对象复制到其他对象，练习时可利用【例4-2】奥林匹克五环图案，如图4-9所示。

1）准备练习图，分层绘制几何图形，或打开奥林匹克五环图。

2）启动特性匹配命令，依次单击"默认"选项卡→特性面板→特性匹配。

3）选择源对象，单击第一个圆环。

　　4）取消不希望复制的特性（可选操作可跳过），🖱右击，弹出快捷菜单→🖱单击"设置"，弹出特性设置对话框→🖱单击☑取消✓选，清除不希望复制的特性→🖱单击"确定"，如图4-38所示。

　　5）选择目标对象，🖱单击或选择其他圆环。

　　6）结束命令，🖱右击→🖱单击"确认"，或⌨敲击回车键。

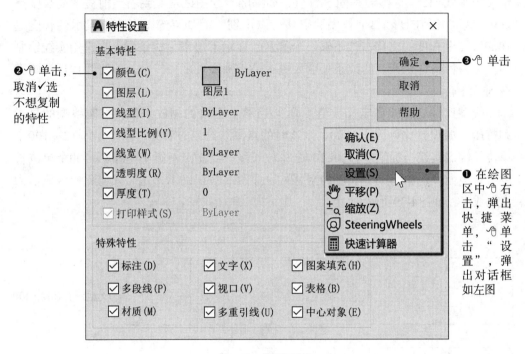

图4-38　特性匹配

4.4　线型与线型比例

4.4.1　线型LineType

　　线型是绘制几何图形的线条形式，类型有连续线（实线）、虚线、点线、点画线等。线型定义（国际制）保存在文件acadiso.lin中，下面是一种点画线定义样例，数字表示画线和空格的长度，0（零）表示点。

　　*ACAD_ISO10W100，ISO dash dot __ . __ . __ . __ . __ . __ . __ .

　　A，12，-3，0，-3

　　这种点画线定义的释义如下：星号开头*线型名ACAD_ISO10W100，可选说明ISO dash dot __ . __ . __ . __ . __ . __ .，A类对齐A，落笔画线长度12，提笔空移长度-3，绘制点0，提笔空移长度-3。

　　使用这种点画线绘制几何图形的工作过程是：落笔绘制12个单位长度的实线→

提笔空移3个单位长度→绘制点→提笔空移3个单位长度→……循环至终点。

4.4.2 线型比例

有时会发现，在图层特性中已设置为使用非连续的线型，如点画线ACAD_ISO10W100，但在这个图层上绘制的几何图形仍然显示为实线，这是由于在线型定义中画线=12、空移=3是固定数值，如果屏幕绘图区从左到右当前显示的长度是100，这时几何图形上3个长度的空移可以识别，而如果绘图区当前显示的长度是10000，3个长度的空移占位不够一个像素，显示不出来，线条看上去是用实线绘制的。另一种情形是绘制的线条长度太短，小于画线长度12，第一段实线12还没画完就到了终点。

线型比例是在线型定义数值（画线/空移）上乘的缩放系数，控制线型的显示和打印。如设置比例因子=100，则这时的点画线绘制过程是：落笔绘制12×100个单位长度的实线→提笔空移3×100个单位长度→绘制点→提笔空移3×100个单位长度→……循环，3×100个长度的空移可以显示而被识别了，这时几何图形就显示为点画线了，如图4-39所示。

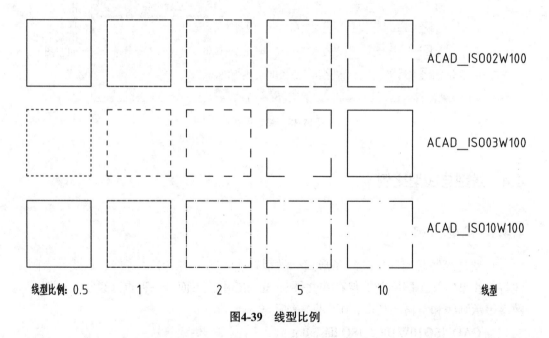

图4-39 线型比例

全局比例因子（系统变量LTScale）影响当前图形文件中所有线型的外观，更改全局比例因子，所有对象的外观将发生变化。当前对象缩放比例（系统变量CELTScale）是新绘制对象的线型比例特性，是自"当前"时间点起新绘制对象的"个体特性"，可以在特性选项板中更改。图形对象的线型外观基于全局比例因子和线型比例特性，线型比例=全局比例因子×线型比例特性。

4.4.3　加载线型设置线型比例

在创建新图层设置特性时一般会加载线型，参见4.1.1图层特性管理器中【例4-1】创建新图层。在功能区中的"默认"选项卡上，"特性"面板是加载线型的另一个入口，与设置图层特性那个入口等效。

启动线型工具LineType，弹出"线型管理器"对话框，如图4-36所示，启动方法如下：

⌨键盘输入：⌨输入LineType→敲击Enter键（回车键）。

🖰工具按钮：依次🖰单击"默认"选项卡 → "特性"面板→线型栏目右端的展开器▼→下拉列表，"其他"，如图4-35所示操作❺❻。

【例4-19】加载线型，设置线型比例。

1）启动线型工具，弹出"线型管理器"对话框，如图4-36所示。启动方法：⌨输入LineType回车，或如图4-35所示操作❺❻。

2）加载线型，🖰单击"加载"，如图4-36所示操作❶→仿照【例4-1】创建新图层5）选择线型，如图4-5所示操作，步骤❷是可选操作，可加载用户自定义线型。

3）设置线型比例，单击"显示细节"，显示对话框底部的详细信息→⌨输入全局比例因子/当前对象缩放比例的新数值，如图4-36所示操作❷❸。线型比例=全局比例因子×当前对象缩放比例。

4.5　编组Group

编组Group提供以组为单位操作多个对象的方法，默认情况下，选择编组中任意一个对象即选中了该编组中的所有对象，可以像单个对象那样移动、复制、旋转等。如果打算使用编组组织和访问图形中的对象，可使用"名称"选项为编组命名，在"选择对象"提示下⌨输入"group（这里要插一个空格）编组名称"来选择编组。未命名的临时编组更为常用，适用于移动、复制、旋转时操作多个对象。一个对象可能是多个编组的成员，选择该对象就选择了它所属的所有编组。关闭编组选择，可直接选择编组中的对象并修改它，如移动、复制、旋转、删除等，但复制出的新对象不属于母对象所属编组。解组UnGroup是编组的逆向操作，可删除对象属于的组。

【例4-20】编组对象、解组对象，如图4-40所示。

1）创建一个未命名编组。

选择要编组的对象，选择桌、椅，如图4-40左下图所示的桌子+4把椅子。

启动编组命令，依次🖰单击"默认"选项卡 →组面板 →组 [🔳]，如图4-40所示操作❷。

2）创建一个命名编组。

启动编组命令，🖰单击组 [🔳]，如图4-40所示操作❷。

命名编组，🖱右击，弹出快捷菜单，🖱单击"名称" →⌨输入furniture或jiaju回车。

选择要编组的对象，窗口选择桌子+4把椅子，如图4-40所示操作❶ →右击，弹出快捷菜单，🖱单击"确认"。

3）解组对象。

选择一个编组，依次🖱单击"默认"选项卡 →组面板 →解组🗗✖，如图4-40所示操作❸❹。

4）关闭编组选择。

🖱单击"默认"选项卡 →组面板 →编组选择 🗗，如图4-40所示操作❺。🖱单击图标🗗切换编组选择是"开"还是"关"，快捷键⌨Ctrl+H或⌨Ctrl+Shift +A。开/关，默认是"开"状态，图标带框，🖱单击选择编组；"关"状态，可直接选择编组中的对象并修改它。

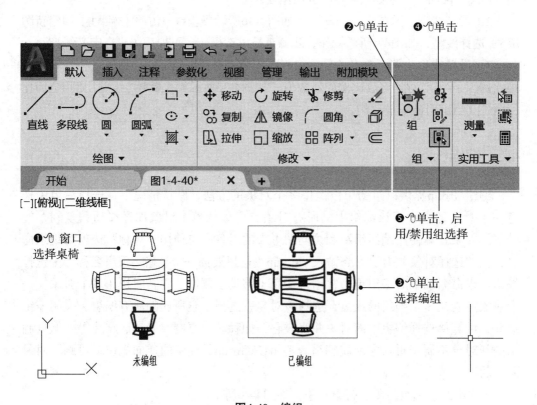

图4-40 编组

在移动、复制、旋转时，艰难选择了多个对象，创建个临时编组，可以防手滑丢了，下次再用选择也轻松。编组比较鸡肋，用来组织对象不如图层，用来重复使用对象不如图块。

思 考 题

1. 图层 0可以删除或重命名吗？该图层默认的属性（颜色、线型等）是什么？

2. 图层颜色，7号索引颜色（7白/黑blacK）有什么特性？

3. 按照《风景园林制图标准》（CJJ/T 67—2015），绘制规划图时如何设置图层颜色？

4. 如何将一个图层的线型设置为虚线等非连续线型？

5. 图层的线宽是什么时候的线条宽度？如何显示设置的粗线？

6. 图层在列表中是按什么规则排序的？可以手动调整吗？

7. 什么是当前图层？如何将一个图层置为当前图层？

8. 关闭与冻结图层有什么区别，如何选择关闭还是冻结？

9. 如何将一个图层中的图形搬运到另一个图层中去？

10. 打开一个图形文件，有时有图层Defpoints，可以将它置为当前图层在上面绘制图形吗？

11. 使用块定义的优点有哪些？

12. 创建块定义时没有拾取基点，哪一点会作为默认基点，插入这种块时可能会发生什么现象？

13. 举例说明创建块定义时如何选择"注释性"？

14. 如果一个图块嵌套了3次，几次分解命令才能完全打开？

15. 块定义如何存储？常用的组织方式有哪些？

16. 块定义库是什么？与一般的图形文件有什么不同？AutoCAD自备的块定义库在哪儿？

17. 如何使用块选项板插入块定义？

18. 如何将一个图形文件作为块插入当前图形？

19. 如何修改块定义？如何重新定义块？

20. 块定义中的属性有什么作用？创建带有属性的块定义是怎样的工作流程？

21. 什么是动态块，动态块有什么优势和不足？

22. 在特性选项板中，可以更改图形对象的哪些特性？

23. 设置对象特性时，如何选择随层ByLayer、随块ByBlock或个体特性？

24. 已经设置图层使用非连续线型，但绘制的线看上去仍然是实线，如何处理？

第5章　实用工具

AutoCAD应用程序提供了若干小工具，集成在实用工具面板和图形实用工具组中。

5.1　实用工具简介

实用工具面板在功能区的默认选项卡中，如图5-1所示。

5.1.1　测量MeasureGeom

1. 命令功能

测量MeasureGeom命令有多个选项，用来测量几何对象的距离、半径、角度、面积和体积。

2. 启动方法

🖰命令按钮：依次🖰单击"默认"选项卡→"实用工具"面板→🖰单击快速测量━━或🖰单击▼下拉展开测量工具组，🖰单击一个选项按钮，如图5-1所示操作❹❺❻。

⌨键盘输入：⌨输入MeasureGeom→敲击Enter键（回车键）→弹出快捷菜单，🖰单击一个选项，如图5-1所示操作❼。

3. 动态测量

"快速"是测量工具的默认选项，工具按钮默认处于工具组的头牌位置。

启动快速测量：🖰单击快速测量按钮━━，如图5-1所示操作❹。

动态测量：快速测量启动后，在绘图区中🖰移动鼠标光标时，可动态标识二维几何对象的多个距离、角度、半径等测量值，如图5-2a上图所示。

测量面积：在围合的区域中🖰单击，透明绿色填充区域，动态提示框和命令行显示区域的面积和周长，可自动识别内部孤岛并减去面积，如图5-2b上图所示。⌨按住Shift键，在多个区域中🖰单击，可累加面积，或从已选择的多个区域中排除。🖰移动鼠标光标，恢复动态测量状态。

退出动态测量：在绘图区中🖰右击→弹出快捷菜单，🖰单击"退出"结束动态测量，也可🖰单击一个选项切换至测量距离、半径、角度、面积等，如图5-1所示操作❼。

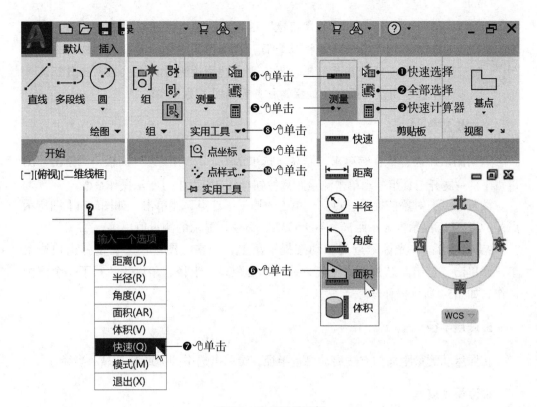

图5-1　实用工具面板

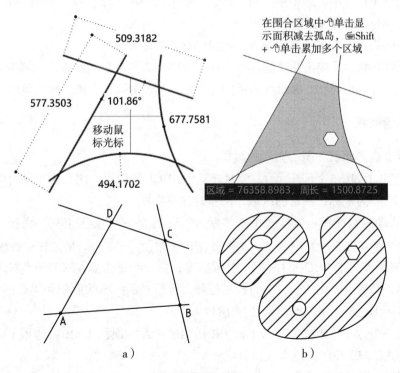

a)　　　　　　　　b)

图5-2　测量和查询

启动测量工具的"快速"选项后，始终处于动态测量状态，如果几何图形复杂且计算机性能弱，在绘图区中🖱️移动鼠标，感觉光标迟滞明显不顺滑甚至假死，则不要启动快速测量，直接启动测量距离、半径、角度、面积等选项，任务简单明了易于实现。

4. 测量距离

启动测量距离：依次🖱️单击"默认"选项卡→"实用工具"面板→🖱️单击"测量"下的▾展开工具组，🖱️单击测量距离按钮▭，仿照图5-1所示操作❺❻。

测量距离：对象捕捉第一点，🖱️单击→捕捉第二点，🖱️单击，如图5-2a下图所示点A、C，动态提示框显示距离 = 469.5332，命令行显示的测量值更多。

结束测量：在光标附近显示动态提示菜单，或在绘图区中🖱️右击弹出快捷菜单，🖱️单击"退出"结束测量距离，或🖱️单击距离、半径、角度等执行下一个测量操作，如图5-1所示操作❼。

5. 测量半径

仿照启动测量距离的方法启动测量半径，🖱️单击选中圆弧或圆，显示半径。

6. 测量角度

仿照启动测量距离的方法启动测量角度，测量直线夹角、圆弧和圆的圆心角。

直线夹角：🖱️单击选中第一条直线，🖱️单击选中第二条直线，如图5-2a下图所示直线AB、AD，显示两条直线夹角。

圆弧圆心角：🖱️单击选中圆弧，测量圆弧的圆心角。

圆的圆心角：🖱️单击圆将其选中，这一点将作为圆心角的起点，在圆外沿圆周🖱️移动光标，可观察到动态提示线指示的圆心角，🖱️单击第二点指定圆心角的终点。

7. 测量面积

测量多边形面积和闭合图形的面积。

【例5-1】如图5-2下图所示，测量多边形ABCD的面积，闭合图形围合的区域面积，阴影线是为了标识测量的区域，测量时并不存在。

1）启动测量面积：依次🖱️单击"默认"选项卡→"实用工具"面板→🖱️单击"测量"下的▾展开工具组，🖱️单击测量面积按钮▱，如图5-1所示操作❺❻。

2）测量多边形ABCD的面积：对象捕捉，依次🖱️单击点ABCD→🖱️右击，弹出快捷菜单，🖱️单击"确认"，动态提示框和命令行显示区域的面积和周长：

区域 = 91628.4658，周长 = 1274.1889

输入一个选项［距离（D）/半径（R）/角度（A）/面积（AR）/体积（V）/快速（Q）/模式（M）/退出（X）］<面积>: X

3）再次启动测量面积：在光标附近显示动态提示菜单，或在绘图区中🖱️右击弹出快捷菜单，🖱单击"面积"，执行下一个测量面积操作，仿照图5-1所示操作❼。

4）测量阴影线标识的区域面积：如图5-2b下图所示。

切换至"增加面积"模式：🖱右击，弹出快捷菜单，🖱单击"增加面积"

切换至"对象"模式：🖱右击，弹出快捷菜单，🖱单击"对象"

"加"模式选择对象：依次🖱单击2条闭合样条曲线，将其围合的2块区域面积累加入总面积→🖱右击，结束累加。动态提示框和命令行显示：总面积 = 193123.1610

切换至"减少面积"模式：🖱右击，弹出快捷菜单，🖱单击"减少面积"

切换至"对象"模式：🖱右击，弹出快捷菜单，🖱单击"对象"

"减"模式选择对象：依次🖱单击三个内部孤岛椭圆、圆、六边形，从总面积中减去3块孤岛的面积→🖱右击，结束选择对象。动态提示框和命令行显示：总面积=186111.2352

5）退出测量：在光标附近显示动态提示菜单，或在绘图区中🖱右击弹出快捷菜单，🖱单击"退出"结束测量，仿照图5-1所示操作❼。

5.1.2　查询点坐标

1. 命令功能

显示指定点的 UCS 坐标值X、Y、Z，并将指定点的坐标存储为最后一点，在任何一个命令中要求输入点坐标时，可以⌨输入 @ 来引用最后一点坐标。

2. 启动方法

🖱命令按钮：依次🖱单击"默认"选项卡→"实用工具"面板→🖱单击▼滑出面板，🖱单击点坐标按钮🔍，如图5-1所示操作❽❾。

⌨键盘输入：⌨输入ID→敲击Enter键（回车键）。

3. 操作步骤

启动点坐标命令：🖱单击点坐标按钮🔍或⌨输入ID回车。

指定查询点：对象捕捉一点，🖱单击，如图5-2a下图所示，ABCD中的任意一点。

5.1.3　苗木数量统计

在种植设计图中，不同树种以不同的图形符号来表示，要统计其中一个树种的苗木数量可以数一数这种符号的个数。树种的图形符号一般创建为块定义，如tree001、tree002、…，插入的每个符号是对块定义的"块参照"，简称为"块"。使用计数选项板CountList或快速选择Qselect命令，可统计图形中块的数量，获取苗木数量计数。

1. 命令功能

快速选择Qselect命令按对象类型和特性创建选择集，可以选择块并对其计数，适用于AutoCAD 2021以前的版本。AutoCAD 2022新增"计数"选项板CountList命令，可以查看当前图形中的块计数、插入包含选定块的名称和计数的表格，该命令在进化中，在2023版中有所不同。

2. 启动方法

1）快速选择Qselect命令

🖰命令按钮：依次🖰单击"默认"选项卡→ "实用工具"面板→🖰单击快速选择按钮，如图5-1所示操作❶。

⌨键盘输入：⌨输入Qselect→敲击Enter键（回车键）。

2）计数选项板CountList命令

🖰命令按钮：依次🖰单击"视图"选项卡→ "选项板"面板→🖰单击计数按钮。⌨键盘输入：⌨输入CountList→敲击Enter键（回车键）。

3. 操作步骤

【例5-2】使用快速选择Qselect命令，统计一个树种的苗木数量，如图5-3所示。

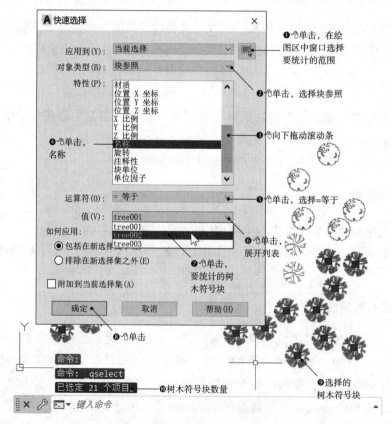

图5-3　快速选择与苗木数量统计

1）指定统计区域：选择要统计区域的所有图形对象，如果是全图统计则不必做这一步。

2）启动快速选择命令：单击快速选择按钮，或输入Qselect回车。

3）指定要统计的对象类型：单击∨下拉展开对象类型列表→单击块参照，如图5-3所示操作❷。

4）指定要统计的块名称：名称=tree002，如图5-3所示操作❸~❽。

5）选择块并对其计数：绘图区中的块tree002都被选中，命令行提示"已选定21个项目。"

6）统计结果为21株，如图5-3所示操作❾❿。

使用计数选项板CountList统计苗木数量、插入苗木表，请扫描本书封底的二维码获取教学视频，5.1.3苗木表_计数.mp4。

5.2 图形实用工具

图形实用工具是一组用于图形文件的工具，收纳在图形实用工具组中，如图5-4所示。

5.2.1 设置图形单位格式Units

AutoCAD图形对象的尺度是图形单位，1个数值称为一个图形单位，一个图形单位所代表的距离与行业习惯有关，图形中一个300×300的矩形，在建造师眼里可能会是一块300mm×300mm的地砖，而在规划师眼里可能会是一个300m×300m的公园。绘制图形一个图形单位代表1m还是1mm，用户心里知道，在AutoCAD里不需要做任何设置。

1. 命令功能

图形单位Units命令设置坐标、距离和角度的精度和显示格式，新建的图形文件，在开始绘图前可以设置图形单位，设置的参数将保存在当前图形文件中，设置时一般保持默认值不变，可能会更改角度的测量精度。

2. 启动方法

命令按钮：依次单击应用程序按钮**A**→图形实用工具→单击单位[0.0]，如图5-4所示操作❶❷❸。

键盘输入：输入Units→敲击Enter键（回车键）。

3. 操作步骤

1）启动设置图形单位命令，打开"图形单位"对话框，如图5-5所示。

2）设置角度测量精度：单击∨下拉展开精度列表→单击一个精度，如：

0.00，如图5-5所示操作❶。

3）设置插入比例：一般保持默认值不变，👆单击∨下拉展开单位列表→👆单击一个单位，如图5-5所示操作❷。

插入比例，控制插入到当前图形中的块和图形的缩放比例。如果插入的块或图形在创建时使用的单位与当前图形不同，将依据两边的单位匹配插入比例。如果在源块或目标图形中，"插入比例"设置为"无单位"，将依据"选项"对话框的"用户系统配置"选项卡中，插入比例的设置来确定缩放比率，如图5-6所示。

图5-4　图形实用工具

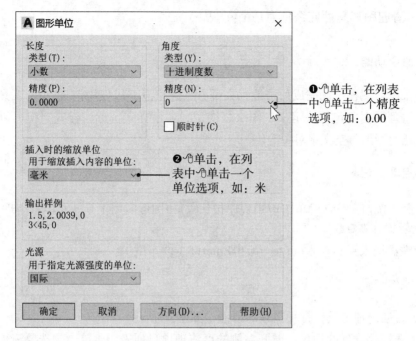

图5-5 设置图形单位格式

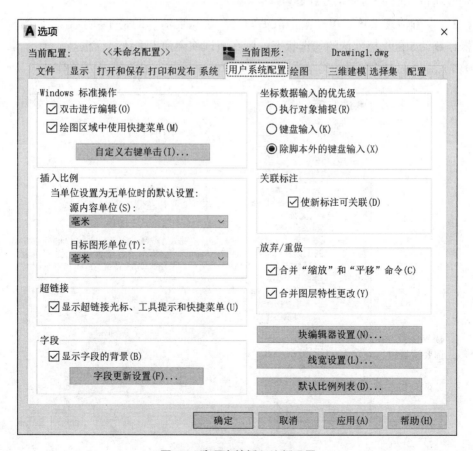

图5-6 选项中的插入比例设置

5.2.2 清理图形文件冗余信息Purge

1. 命令功能

一张设计图在绘制完成后可能存在部分冗余信息，可使用清理Purge工具将其删除。可清理的对象包括块定义、图层、线型、文字样式、标注样式、组，以及长度为零的几何图形、空文字对象等。

2. 启动方法

命令按钮：依次单击应用程序按钮 **A** →图形实用工具→单击清理，如图5-4所示操作 ❶❷❹ 。

键盘输入：输入Purge→敲击Enter键（回车键）。

3. 操作步骤

1）启动清理工具，打开清理对话框，如图5-7所示。

2）选择要清理的项目：展开左侧的可清理项目列表→单击勾选要清理的项目类别或项目，如图5-7所示操作 ❶❷ 。

3）设置清理选项：可单击取消勾选"确认要清理的每个项目"，如图5-7所示操作 ❸ 。如果保持默认的勾选状态，则在清理前会弹出确认对话框。

4）清理选中的项目：单击"清理选中的项目"，如图5-7所示操作 ❹ 。

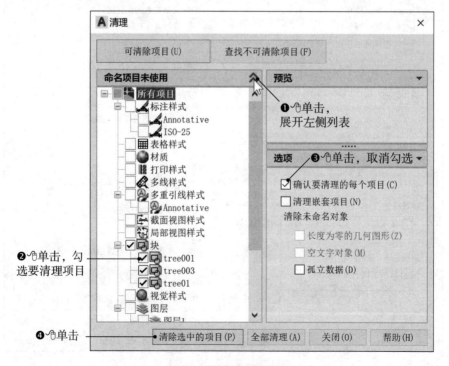

图5-7 清理图形冗余

5.2.3　修复损坏的图形文件

1. 命令功能

在绘图过程中图形文件被意外关闭（程序崩溃、断电等），图形内部数据库部分损坏，再次打开时可能报错。修复Recover工具，将从损坏的图形文件中提取数据并打开。修复全部RecoverAll工具，将打开、修复、重新保存并关闭选定的图形文件和附着的外部参照（包括嵌套的外部参照）。可修复的文件类型包括DWG、DWT和DWS。磁盘损坏读不出来的文件，修复工具无效。

2. 启动方法

命令按钮：依次单击应用程序按钮 →图形实用工具→修复→单击修复 或修复全部 ，如图5-4所示操作❶❷❺❻。

键盘输入：输入Recover或RecoverAll→敲击Enter键（回车键）。

3. 操作步骤

【例5-3】修复损坏的图形文件。

1）打开图形文件，弹出"文件损坏"对话框，提示图形文件需要修复，单击"修复"，如图5-8a所示操作❶。

2）启动修复工具：单击修复 或输入Recover回车。

3）选择要修复的文件：在"选择文件"对话框中选择一个文件，单击"打开"，如图5-8b上图所示操作❷。

4）核查后，弹出报告对话框，单击"关闭"，如图5-8b所示操作❸。

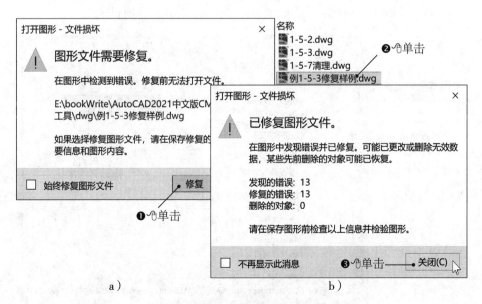

a）　　　　　　　　　　b）

图5-8　修复图形文件

5）如果练习时使用样例文件"例5-3修复样例.dwg"，可全部缩放视图，查看修复后的图形，参见1.5.2 使用导航栏平移和缩放。

 如图5-8a所示，🖱单击勾选"始终修复图形文件"，在打开轻微损坏的图形文件时将自动修复，但打开无力修复的图形文件，可能不再显示"文件损坏"对话框，文件也没有正常打开。重置系统变量RecoverAuto = 0（零），可恢复对话框的显示，⌨输入RecoverAuto回车→⌨输入0回车。

5.3 设计中心Adcenter

设计中心是资源共享中心，管理和插入块定义、外部参照和填充图案等内容。设计中心一般用来查看并插入其他图形文件中定义的图层、布局、文字样式、标注样式等内容。

【例5-4】通过设计中心，插入其他图形文件中定义的标注样式。

1）打开设计中心：依次🖱单击"视图"选项卡→ "选项板"面板→ 设计中心 ▦，如图1-13所示操作❼，打开"设计中心"窗口，如图5-9所示。

2）找到源图形文件：在左侧列表中，浏览磁盘路径，找到源图形文件。

3）查看可共享的项目：🖱单击源文件名称前面的"+"号，展开可共享的项目列表，如图5-9所示操作❶。

4）把标注样式定义插入当前图形：在左侧列表中指定要插入的项目类别，在右侧的预览区选择要插入的项目，将其拖动到当前图形中。🖱单击"标注样式"→窗交选择标注样式定义gb35→🖱拖动鼠标光标到绘图区域中，释放鼠标，如图5-9所示操作❷❸。

5）仿照步骤4），可插入布局、图层、文字样式定义等项目。

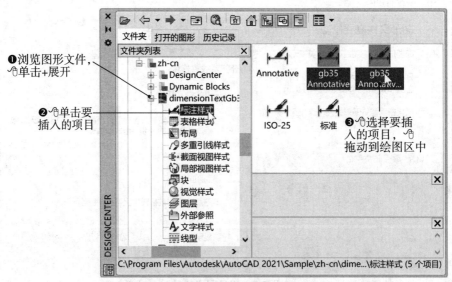

图5-9 设计中心共享其他图形文件资源

5.4　系统变量

系统变量是控制某些命令工作方式的参数设置，用于控制命令的行为、操作的默认值或用户界面的外观。如打开或关闭"捕捉""栅格""正交"模式，设定填充图案的默认比例，存储有关当前图形文件或应用程序配置的信息，更改设置或显示当前状态。系统变量的取值一般为整数，保存在Windows系统注册表或图形文件中，保存在图形文件中的系统变量，仅在这个图形文件中发挥作用，切换图形文件需要重新设置系统变量值。

5.4.1　常用系统变量

1. MirrText 镜像文字

控制Mirror命令镜像对象时，包含的文字是否可读。初始值0（零）表示"否"，保持文字方向不镜像（可读）；可选值1表示"是"，镜像显示文字。保存位置：当前图形文件。

2. TextFill 文本填充

控制打印输出图样时，采用TrueType 字体的文字是否填充。初始值1表示"是"，填充文字（实体笔画）；可选值0表示"否"，仅打印文字轮廓线（空心字）。保存位置：注册表。

3. AttDia 属性对话框

控制Insert命令是否使用对话框来输入属性值。初始值1表示"是"，使用对话框；可选值0表示"否"，发出命令行提示。保存位置：注册表。

4. FileDia 文件对话框

控制与读写文件命令一起使用的对话框的显示。初始值1表示"是"，显示对话框，如果正在执行一个脚本，将会显示命令行提示；可选值0表示"否"，不显示对话框，仍然可以在响应命令提示时输入波浪号"~"来申请显示文件对话框。保存位置：注册表。

例如：FileDia初始值为 1，SaveAs（另存为）命令显示"图形另存为"对话框。如果将FileDia设定为0，SaveAs显示命令行提示，可以在第一个提示时输入波浪号"~"来显示文件对话框。

5. MSLTScale 模型空间线型比例、PSLTScale 图纸空间线型比例

这组系统变量与线型的缩放有关，保存位置：当前图形文件。相关概念参见4.4.2线型比例、7.1模型空间与图纸空间、8.3注释比例与注释可见性。

应用方法归纳：在模型空间，如果不希望注释比例影响线型的缩放，可设置MSLTScale= 0，或使用Regen命令重生成图形（将采用当前注释比例）。在图纸空间，PSLTScale=1（初始值）时，在视口中缩放视图或调整视口比例，视口中的对象线型的缩放不会即时更新，可使用RegenAll命令重生成视口中的图形。

MSLTScale，控制在模型空间（"模型"选项卡上）是否按注释比例缩放显示线型。初始值1，按注释比例缩放显示的线型；可选值0，注释比例与线型的缩放显示无关。打开在2007版本及更早版本中创建的图形文件时，MSLTScale= 0。

PSLTScale，控制在布局视口中（图纸空间），非连续性线型对象的线型缩放，不同布局选项卡的设置可能不同。初始值1，线型的缩放与视口比例无关，且视口中的对象与直接绘制在图纸空间的对象虚线长度相同；可选值0，视口比例控制线型的缩放，仍可叠加全局线型比例因子和当前对象线型比例因子。实际测试的结果是：该系统变量的取值和作用的关系，与官方帮助的表述相反，是应用程序有Bug还是帮助写错了？

5.4.2　设置系统变量

在命令提示行中，⌨输入一个系统变量名称，⌨敲击Enter键或空格键→按照提示，⌨输入系统变量数值，⌨敲击Enter键或空格键。

【例5-5】设置系统变量Mirrtext的值为1，镜像文字对象。

1）⌨输入Mirrtext，⌨敲击Enter键。

2）命令行提示"输入Mirrtext的新值<0>："，⌨输入1，⌨敲击Enter键。

3）命令行提示"已从首选值更改1个监视系统变量，使用SysVarMonitor命令可查看更改"。

4）镜像Mirror包含文字的图形对象，参见3.2.6镜像，结果如图5-10右图所示。

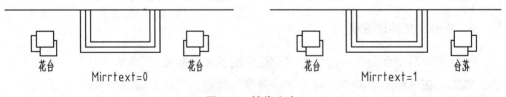

图5-10　镜像文字

　键盘输入系统变量名称前，不需要在命令提示行中🖱单击定位光标。键盘输入系统变量名称时，大小写兼容，本例采用大小写混编仅为易读。本例的目的是练习如何设置系统变量，是否能遇到镜像文字的应用情境随缘了。

5.4.3　系统变量监视器

系统变量的首选值被更改后，状态栏中将显示系统变量监视器图标，🖱单击监视器图标，或⌨️输入命令SysVarMonitor回车，打开系统变量监视器对话框，如图5-11所示。在对话框中，可观察系统变量值的更改，或将列表中的系统变量全部重置为首选值。

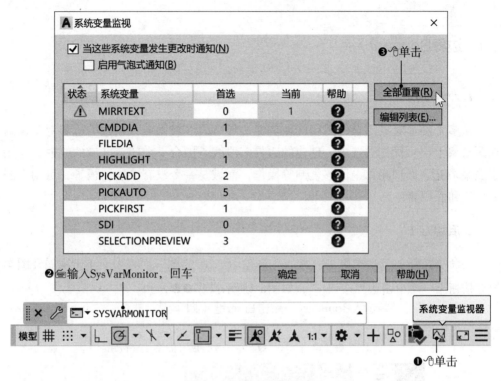

图5-11 系统变量监视器

 如果感觉有些命令或工具异常，如没显示对话框等，可打开系统变量监视器，将系统变量全部重置为首选值，以排除系统变量被更改这一因素。

 思 考 题

1. 如何查询点的坐标、两点间的距离、闭合图形的面积？
2. 如何利用快速选择统计苗木数量？
3. 在AutoCAD里绘制的图形是什么单位？
4. 标注出的角度均为整数，可能的原因是什么？
5. 通过设计中心可以利用哪些资源？
6. U盘坏了，AutoCAD的修复工具能读出存储的DWG文件吗？
7. 试述设置系统变量的工作流程。
8. 另存为（SaveAs）命令保存图形时，没显示对话框怎么办？

第6章 边界与填充

6.1 边界Boundary

1. 命令功能

从多个图形对象围合的封闭区域创建边界多段线或面域，创建的边界对象覆盖在源对象上层可优先被选中。创建的边界多段线是围合一个闭合区域的线框，可用于图案填充、面积测算、偏移复制等操作，面域是一个没有厚度的板子，可用于图案填充和面积测算。

2. 启动方法

🖰命令按钮：依次🖰单击"默认"选项卡→ "绘图"面板→🖰单击▼展开图案填充按钮组→🖰单击边界按钮▯，如图6-1所示操作❶❷。

⌨键盘输入：⌨输入Boundary→敲击Enter键（回车键）。

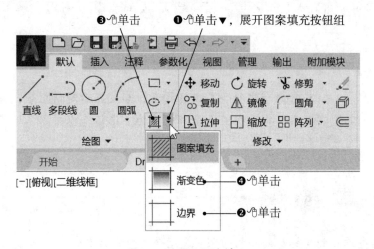

图6-1 边界和图案填充

3. 操作步骤

【例6-1】绘制水池壁，绘制思路如图6-2上图所示：绘制矩形和四角的圆，在5个图形对象围合区域内创建边界多段线，偏移边界多段线成双线。

1）准备源图形：绘制一个矩形和四角的圆。

2）启动边界命令：🖰单击边界按钮▯，或⌨输入Boundary回车，弹出边界创建对话框。

3）指定边界集：可选操作，如果不指定，默认边界集包括所有图形对象。在边界创建对话框中，🖱单击新建按钮![图标]，如图6-3所示操作❶，对话框暂时关闭→在绘图区域中选择矩形和四角的圆，🖱右击结束选择，返回边界创建对话框。

4）创建边界：在边界创建对话框中，🖱单击拾取点按钮![图标]，如图6-3所示操作❷，对话框暂时关闭→在围合的区域内一点🖱单击，搜索到的边界亮显为蓝色，🖱右击，创建的边界覆盖在源图形上层，🖱单击边界可优先被选中，如图6-2下图所示操作❶❷。

5）删除源图形：释放所有对象（🖱右击，在快捷菜单中🖱单击"全部不选"），🖱选择矩形和圆，🖱单击删除按钮![图标]，参见3.2.1删除，结果如图6-2c下图所示。

6）向内侧偏移复制边界多段线，参见3.2.18偏移，结果如图6-2c上图所示。

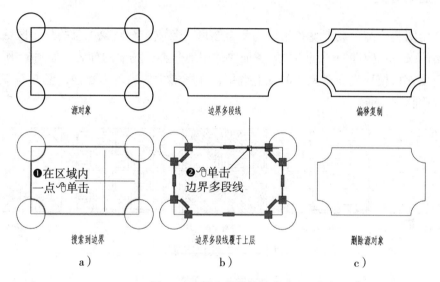

图6-2 边界多段线偏移水池

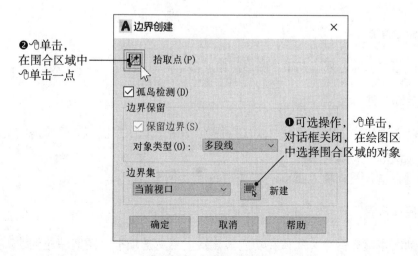

图6-3 边界创建对话框

有时边界并不满足创建多段线的条件，如图6-4所示，在围合区域中🖱单击拾取点后，弹出警告对话框，🖱单击"是"可创建面域。

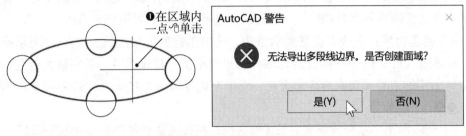

图6-4　不能生成多段线边界

6.2　图案填充

使用图案、纯色或渐变色来填充闭合图形对象或多个对象围合的封闭区域。填充图案用来表示构件的剖面和材质、地块的用地分类、场地的铺装，如图6-5所示。渐变色填充可模拟光在对象上的反射效果，在图形中的表现力更强，但并不符合相关的行业制图标准。

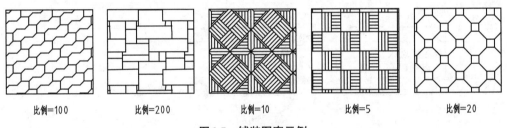

比例=100　　比例=200　　比例=10　　比例=5　　比例=20

图6-5　铺装图案示例

6.2.1　图案填充（Hatch）功能简介

1. 命令功能

使用图案、纯色来填充闭合图形对象或多个对象围合的封闭区域。

2. 启动方法

🖱命令按钮：依次🖱单击"默认"选项卡→"绘图"面板→🖱单击图案填充按钮▨，如图6-1所示操作❸。

⌨键盘输入：⌨输入Hatch→敲击Enter键（回车键）。

3. 操作步骤

启动图案填充命令，默认在功能区显示上下文选项卡"图案填充创建"，从左向右排列多个面板：边界、图案、特性、原点、选项等，如图6-6所示。

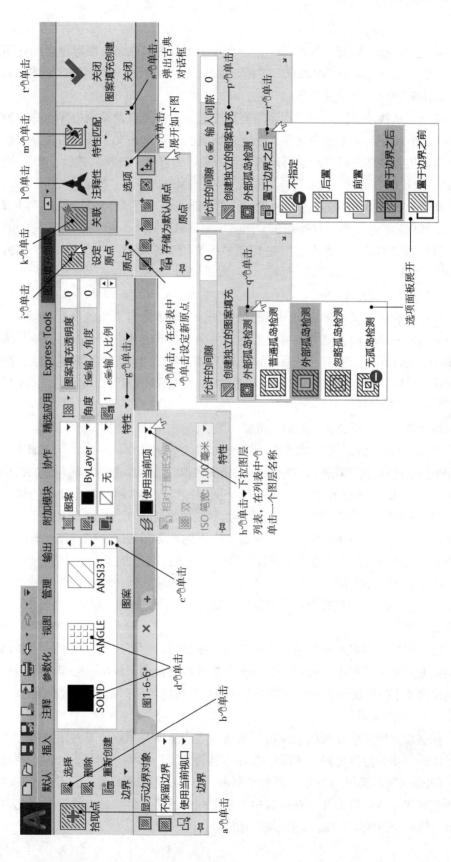

图6-6 图案填充功能区选项卡

（1）边界面板

拾取点：指定填充边界内部一点，在一个闭合图形或多个图形围合的封闭区域内，拾取一点。🖱单击"拾取点"按钮，如图6-6所示操作a→在封闭区域内一点🖱单击，如图6-7所示"指定边界"。

选择：选择闭合图形对象指定图案填充边界，不会自动检测边界内部对象。如果边界内有文字，为了避免文字与填充图案重叠，可选择文字添加为边界对象。如果有多层边界嵌套，可手动选择内层边界对象。🖱单击"选择"按钮，如图6-6所示操作b→选择闭合图形、文字等作为填充边界，如图6-7所示"指定边界"。

删除：从边界集中删除边界对象。🖱单击此按钮→选择已经添加的边界对象。

重新创建：呈灰色，仅适用于"图案填充编辑器"，参见6.2.2 编辑图案填充。

显示边界对象：呈灰色，仅适用于"图案填充编辑器"，参见6.2.2 编辑图案填充。

（2）图案面板

显示所有预定义和自定义图案的预览图像，🖱单击右下角的展开按钮▼，预览区向下展开，🖱拖动右侧滑块可预览更多图案，🖱单击其中一个图案可将其选中，如图6-6所示操作c、d。第一个图案SOLID实体，将以当前颜色填充纯色块，默认是"Bylayer随层"取当前图层的颜色。如图6-7所示"选择图案"，是预定义图案样例。

（3）特性面板

参数较多，常用的有：比例、角度、图层。

缩放比例：填充图案放大或缩小的倍数，1为原始尺寸、>1放大、<1缩小，参见4.4线型与线型比例。在输入框中⌨输入比例数值，或🖱单击输入框右侧的按钮▲▼增减数值，如图6-6所示操作e。同一填充图案比例值越大越稀疏、比例值越小越密集，如图6-7所示"调整比例"。如果填充区域内混沌一片，可能是太密集了，如果填充区域内找不到图案，可能是太稀疏了。不同种类图样的单位和尺度有所不同，一般要多次调整比例值才能使图案疏密适中，缩放比例可能达到千百倍。

填充角度：指定图案填充的旋转角度。在右侧输入框中⌨输入角度数值，或🖱拖动"角度"栏目左侧的滑块增减数值，如图6-6所示操作f，结果如图6-7所示"角度原点"中图。

指定图层：图案填充对象默认放置在当前图层，也可以指定图层放置新创建的图案填充对象。🖱单击"特性"右侧按钮▼特性面板向下滑出→🖱单击图层栏目右侧的按钮▼下拉图层列表→在列表中🖱单击一个图层名称，如图6-6所示操作g、h。

（4）原点面板

控制填充图案生成的起始位置，默认在当前坐标系原点，某些图案填充（如砖块）需要与填充边界对齐，如图6-7所示"角度原点"右图。🖱单击"设定原点"按钮，如图6-6所示操作i→在绘图区中🖱单击一点，指定为新原点。或🖱单击"原点"面板按钮▼原点面板展开→在列表中🖱单击一个图标，将新原点设定在填充边界矩形范围的一个角或中心点，如图6-6所示操作j。

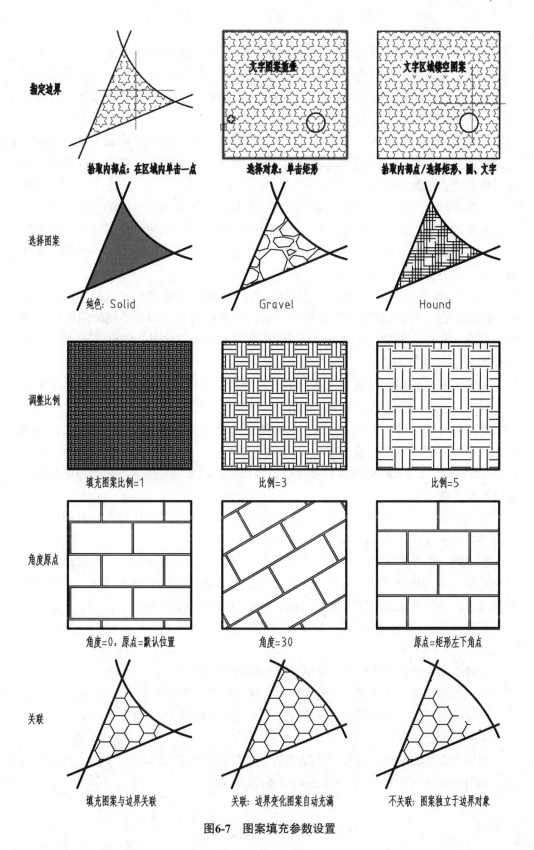

图6-7　图案填充参数设置

（5）选项面板

关联：指定图案填充是否与填充边界关联。已创建的图案填充，修改填充边界，关联的图案填充会更新匹配，非关联的图案填充独立于边界对象，如图6-7所示"关联"。"关联"按钮是开关按钮，👆单击切换开/关状态，按钮覆盖淡蓝色蒙板时处于"关联"状态，如图6-6所示操作k。

注释性：指定图案填充是否为注释性，注释性有利于图案在图纸上打印或显示时疏密适宜，参见8.1注释性与非注释性。注释性是开关按钮，👆单击一次开启，再次👆单击关闭，如图6-6所示操作l。

特性匹配：创建一个新的图案填充时，使用已有图案填充对象的特性，继承源填充对象的图案、比例等特性，原点默认使用当前原点，也可以使用源图案填充的原点。启动图案填充命令→👆单击特性匹配按钮，如图6-6所示操作m→👆单击选择源填充对象→指定新填充边界。

允许的间隙：设定将对象用作图案填充边界时可以忽略的最大间隙，默认值为0，要求填充边界没有间隙必须是封闭区域。如果检查过边界找不到间隙想强行填充，可设定允许的间隙，忽略边界对象的间隙填充图案，如图6-8左下图所示。操作流程如下：

指定边界。在填充区域内一点👆单击，弹出"边界定义错误"对话框，👆单击"关闭"，如图6-8所示操作❶❷，红色小圆圈标识可能有间隙的位置。

设置允许的间隙。👆单击"选项"右侧按钮▼选项面板向下滑出，在允许的间隙输入框中⌨输入数值，或👆拖动"允许的间隙"栏目左侧的滑块增减数值，如图6-6所示操作n、o。允许的间隙数值与边界存在的间隙大小有关，可能要尝试几次才能找到合适的数值。

再次指定边界。在填充区域内一点👆单击，弹出"开放边界警告"对话框，👆单击"继续填充此区域"，如图6-8所示操作❶❸。

创建独立的图案填充：控制当指定了几个分离的填充区域时，是创建单个图案填充对象（不连片但是一个整体），还是创建多个独立的图案填充对象。此按钮是开关按钮，👆单击一次开启，再次👆单击关闭，如图6-6所示操作n、p。

孤岛检测：选择的边界多层嵌套时如何填充，如图6-9所示，如图6-6所示操作n、q。

普通孤岛检测，从外部边界向里，隔一层填充一层。

外部孤岛检测，从外部边界向里填充，遇到内部孤岛填充停止。

忽略孤岛检测，忽略所有内部的对象，填充外部边界围合区域。

（6）关闭

结束图案填充创建，关闭"图案填充创建"上下文选项卡。👆单击"关闭"按钮，如图6-6所示操作t，或⌨敲击Enter键/Escape键 Esc 。

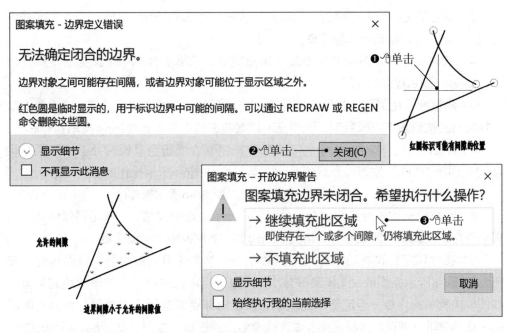

图6-8 图案填充参数设置-允许的间隙

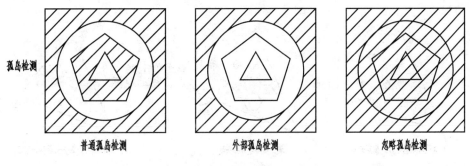

图6-9 图案填充参数设置—孤岛检测

"图案填充创建"选项卡中设置的参数值，再次启动图案填充命令时不会自动重置，该选项卡中所有参数将继承上次关闭时的设置。

古典的图案填充和渐变色对话框在哪儿？对于熟悉了AutoCAD古老版本的用户，图案填充、编辑仍然可以在对话框中完成。单击选项面板右下角的展开器↘，如图6-6所示操作s。

【例6-2】创建图案填充，如图6-10所示。

1）创建一个新图层，切换为当前图层，用于放置图案填充，参见4.1.2 图层列表。

2）启动图案填充命令：单击图案填充命令按钮▨，如图6-1所示操作❸，在功能区显示"图案填充创建"选项卡，如图6-6所示。

3）指定填充区域：🖰单击"拾取点"按钮，如图6-6所示操作a→在填充区域内一点🖰单击，如图6-10所示操作❶。

4）选择图案：在图案面板中浏览填充图案，🖰单击其中一个预览图案将其选中，如图6-6所示操作c、d。

5）调整缩放比例：在特性面板的比例输入框中，⌨输入比例数值，或🖰单击输入框右侧的按钮▲▼增减数值，至填充的图案疏密适中为止，如图6-6所示操作e。

6）开启关联：选项面板中的"关联"按钮覆盖淡蓝色蒙板时处于"关联"状态，🖰单击"关联"按钮，开启/关闭"关联"，如图6-6所示操作k。

7）结束图案填充：🖰单击"关闭"按钮，如图6-6所示操作t。

8）编辑填充边界对象，体会"关联"：🖰单击选中圆弧，🖰单击圆弧中点，🖰移动鼠标，观察填充图案是否自动充满新边界，如图6-10所示操作❷。

9）特性匹配：再次启动图案填充命令→🖰单击选项面板中的"特性匹配"按钮，如图6-6所示操作m→选择源图案填充对象：🖰单击选择已有的图案填充对象，如图6-10所示操作❸→指定新填充区域：拾取内部点或选择边界对象，在填充区域内一点🖰单击，如图6-10所示操作❹，或🖰单击"选择"按钮，如图6-6所示操作b，选择矩形、圆、文字作为填充边界→结束图案填充：🖰单击"关闭"按钮，如图6-6所示操作t。

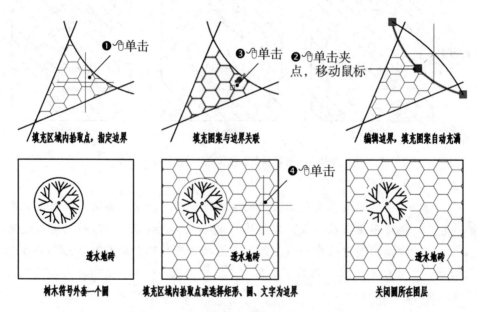

图6-10　图案填充示例—关联、特性匹配

6.2.2　编辑图案填充

🖰单击现有的图案填充对象，在功能区显示上下文选项卡"图案填充编辑器"，与"图案填充创建"选项卡大致相同，如图6-6所示，可仿照"图案填充创

建”选项卡的操作，编辑图案填充对象，如重新选择图案、更改填充区域、修改比例和角度等参数。边界面板中，重新创建、显示边界对象仅适用于"图案填充编辑器"，在"图案填充创建"选项卡中呈灰色显示。

重新创建：围绕选定的图案填充或填充对象创建多段线边界或面域，并与图案填充对象关联。选定图案填充对象→🖱单击"重新创建"按钮，创建多段线边界或面域。

显示边界对象：选定图案填充对象→🖱单击"显示边界对象"按钮，显示其边界对象的夹点→夹点编辑边界对象和选定的图案填充对象。

　　　　　如何删除现有的图案填充对象？🖱单击图案填充对象→⌨敲击Delete键，或🖱右击，弹出快捷菜单，🖱单击"删除"。

6.2.3　外源图案的使用

AutoCAD预定义的填充图案存储在acadiso.pat文件中，符合ANSI（美国标准）、ISO（国际标准）和相关行业标准。用户可以添加其他来源的填充图案定义库或自定义填充图案，填充图案定义存储在一个或多个扩展名为 .pat 的文件中。

1. 填充图案定义格式

第一行是标题行，"*图案名称，可选说明"，跟随一个或多个描述符行，格式如下：

*pattern-name，description
angle，x-origin，y-origin，delta-x，delta-y，dash-1，dash-2，…

例如，标准填充图案 ANSI31，如图6-11所示，其定义为：

*ANSI31，ANSI Iron，Brick，Stone masonry
45，0，0，0，.125

第一行中的图案名为ANSI31，后跟说明ANSI Iron，Brick，Stone masonry。该图案定义指定以45°角绘制图案填充直线族，直线族中的第一条经过坐标系原点（0，0），直线之间的间距为 0.125 个图形单位。

图6-11　标准填充图案ANSI31

2. 支持文件夹 Support

AutoCAD预定义填充图案库文件acadiso.pat，存储在支持文件夹Support里，默认安装路径如下：

C:\Users\用户名\AppData\Roaming\Autodesk\AutoCAD 2021\R24.0\chs\Support

"用户名"是你在Windows系统里使用的登录名称，每个用户不尽相同，可以搜索文件"acadiso.pat"找到Support文件夹的安装路径。

外源的线型定义文件.lin、图案定义文件.pat、字库文件.shx等资源，都将复制到Support支持文件夹。

3. 添加外源图案库

其他来源的填充图案定义库，存储在一个或多个扩展名为".pat"的图案定义文件中。如果在一个图案定义文件中包含多个图案定义，可使用文本编辑器打开，如Windows记事本打开，复制图案定义，将其追加到acadiso.pat文件尾部的空行之前，尾部空行必须保留，否则最后一个填充图案定义将无法访问。如果在一个图案定义文件中仅包含一个图案定义，可将图案定义文件复制到支持文件夹Support，Support文件夹在acadiso.pat的默认安装路径，还有一个Support文件夹在AutoCAD的安装路径，这是古老版本的遗迹。添加外源填充图案定义库后，图案填充时图案面板预览如图6-12所示，以EPLC开头的图案源于Eagle Point LandCADD。

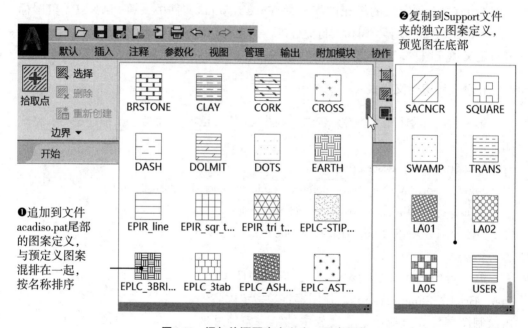

图6-12　添加外源图案定义库—图案预览

4. 设计中心使用外源图案

其他来源的填充图案定义库，可通过设计中心临时性使用，参见5.3设计中心，工作流程如下：

1）打开设计中心，如图6-13所示。

2）浏览磁盘路径，找到一个外源图案定义库文件，单击选择，如图6-13所示操作❶。

3）域内填充：在右侧预览区中任何一个图案预览上右击，在快捷菜单中单击"域内填充"，如图6-13所示操作❷❸，图案填充命令将自动启动，在功能区显示"图案填充创建"选项卡→参照【例6-2】的方法，创建图案填充。在"图案填充创建"选项卡的"图案"面板中，可浏览该外源图案定义库中的所有图案，🖰单击选择。

4）上一步的替代方式：在右侧预览区中，🖰拖动一个预览图案到填充区域内，如图6-13所示操作❹→🖰单击图案填充对象进入编辑状态，在功能区显示"图案填充编辑器"选项卡→参照【例6-2】的方法，编辑图案填充。

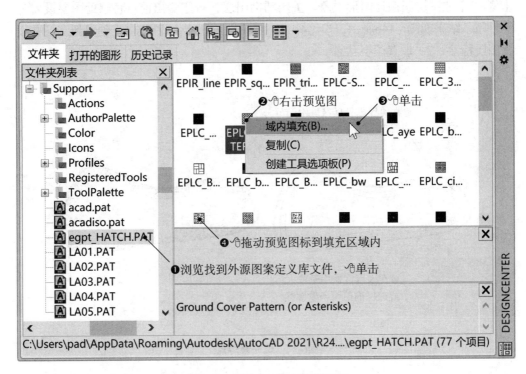

图6-13　设计中心使用外源图案

6.2.4　填充草坪点

绘图时一般在草坪边缘沿着边界线由外向里点上由密变疏的圆点，如图6-14b所示。填充草坪点的思路是：在草坪轮廓线内侧添加两条辅助轮廓线，沿轮廓线向里构成两个带状的区域，以不同的比例分别填充这两个区域来模拟由密变疏的草坪点，然后将两条辅助轮廓线搬运到一个辅助图层上，将辅助图层设置为不打印。

1）绘制草坪轮廓线：绘制一条闭合的样条曲线或多段线作为草坪轮廓线，向内侧偏移复制两条辅助轮廓线，或直接在内侧绘制两条辅助轮廓线，结果如图6-14a所示。

2）填充外层带状区域：启动图案填充命令→参照【例6-2】创建图案填充的步骤操作，指定填充区域时，在草坪外轮廓线和中间那条辅助轮廓线之间一点🖱️单击，或🖱️单击选择草坪外轮廓线和中间那条辅助轮廓线→选择图案AR-SAND→调整填充比例→结束图案填充。

3）填充内层带状区域：仿照上一步操作，指定填充区域时，在内层两条辅助轮廓线之间一点🖱️单击，或🖱️单击选择内层两条辅助轮廓线→将填充比例设为外层带状区域比例值的2倍。

4）选择两条辅助轮廓线，将其搬运到一个辅助图层上，参见4.1.2 图层列表，【例4-3】在图层间搬运图形对象。关闭辅助图层，打印输出前可将辅助图层设置为不打印，结果如图6-14b所示，参见4.1.1图层特性管理器，【例4-1】创建新图层并设置图层特性，7）设置图层状态。

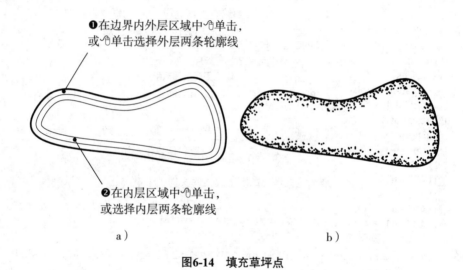

❶在边界内外层区域中🖱️单击，
或🖱️单击选择外层两条轮廓线

❷在内层区域中🖱️单击，
或选择内层两条轮廓线

a）   b）

图6-14　填充草坪点

📢 图案填充对象所在图层的线宽影响草坪点的大小，如果在打印输出后草坪点太小，可设置图层特性增大线宽数值。不要直接用点命令绘制草坪点，因其在打印输出时非常细小，并且不能控制其大小。如果要打草坪点的区域特别复杂，填充边界很难确定，也可以先画一个小圆，在圆内非关联填充草坪点，然后多次复制填充的草坪点，可以想象将铅笔捆成一束去打点是不是会快一些。

6.2.5　渐变色填充Gradient

1. 命令功能

使用渐变色填充封闭区域或闭合对象，创建一种或两种颜色间的平滑过渡，可模拟光照在平面上产生的过渡颜色效果，如图6-15所示。在彩色平面图中，可表现建筑物的顶面、草坪等。在规划图中，使用渐变色填充表示地块的用地分类，视觉上更为生动，但并不符合相关的行业制图标准。

2. 启动方法

命令按钮：依次单击"默认"选项卡→"绘图"面板→单击图案填充按钮右侧的▼展开命令组→单击渐变色按钮，如图6-1所示操作❶❹。

键盘输入：输入Gradient→敲击Enter键（回车键）。

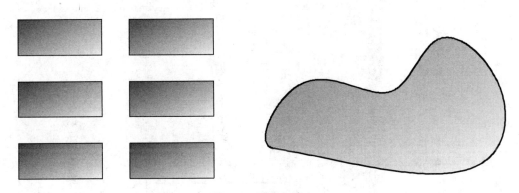

图6-15　渐变色填充

3. 操作步骤

渐变色填充与图案填充共用"图案填充创建"选项卡，面板大致相同，如图6-16所示。操作方法与图案填充相似，参见【例6-2】创建图案填充。

1）启动渐变色填充：单击渐变色按钮，如图6-1所示操作❶❹，在功能区显示上下文选项卡"图案填充创建"。

2）图案面板。

选择填充样式：浏览图案预览图，渐变色填充样式以字母"G"开头，排在中上部区域，单击预览图选择一种渐变色填充样式，如图6-16所示操作❶。

3）特性面板。

选择填充颜色：单击颜色栏目右侧的按钮▼展开色板→单击选择一种索引颜色→或单击"更多颜色"，单击"真彩色"选项卡，单击拾取一种真彩色。如图6-16所示操作❷❸❹❺，图中将颜色2设置为索引颜色白色，填充"蓝色→白色"的单色渐变。

旋转角度：指定渐变色填充的旋转角度，模拟光源的入射方向。拖动"角度"栏目左侧的滑块增减数值，或在右侧输入框中输入角度数值，如图6-16所示操作❻。

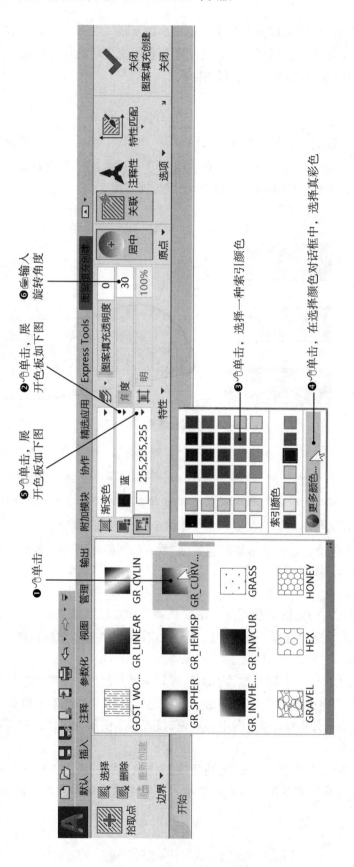

图6-16 渐变色填充功能区选项卡

思 考 题

1. 边界创建的闭合多段线是独立对象吗？多段线和面域边界用途有什么
   不同？

2. 在AutoCAD中绘制的任意一组图形，都可以作为图案用于填充吗？

3. 图案填充时"拾取点"与"选择"指定边界有哪些异同？

4. 图案填充预览空白，应如何调整缩放比例？

5. 图案填充的"关联/非关联"有什么作用？

6. 图案填充的"注释性"是干什么用的？

7. 填充边界允许有间隙吗？如何设置？

8. 怎样使用其他来源的填充图案定义库（.pat文件）？

9. 试述填充草坪点的思路。

10. 填充时如何隐藏说明文字和树木符号下的铺装图案？

第7章 模型空间与图纸空间

7.1 模型空间与图纸空间简介

到目前为止，在AutoCAD里一直工作在模型空间，下面举一个例子来说明模型空间、图纸空间与现实世界的关系。你去美国考察城市规划和园林设计，在纽约中央公园收集资料，如数字测绘、拍摄照片、勾绘草图等。回国后，将测绘图样、冲印的图片裱在图板上并加以注释向领导汇报，构建了三维数字模型请同事们在虚拟现实（Virtual Reality）里体验，如图7-1所示，右图和下图来源于纽约中央公园网站www.centralparknyc.org，左上图来源于Esri网站www.esri.com/en-us/arcgis/3d-gis/overview，左中图未找到原始出处。

模型空间

现实世界

图纸空间

图7-1 模型空间与图纸空间

1. 模型空间

就是中央公园的三维数字模型，对应AutoCAD黑色的绘图区，山水地形、植物、建筑、广场道路等以现实世界中的实际尺寸构建。在模型空间里绘图相当于在施工现场放线，设计师设计了一条道路，施工人员立刻在现地放线施工，6m宽的道路以6或6000个图形单位绘制。模型空间是无限的三维绘图区域，首先要确定1图形单位表示1m还是1mm，绘制的图形与现实世界中的景物保持1∶1的等比例。

2. 图纸空间

就是那块裱有图样和照片的图板，切换到图纸空间是准备打印输出图样，图纸空间中以毫米为单位，是在图纸上测量的数值。你可以在图板空白区域添加说明文字、标注尺寸，也可以直接在裱糊的图样和照片上勾绘线条来说明你的改造方案，你在照片上画一条长度20mm的线，在模型空间里长度可能是50图形单位，在现实世界里也许会是一条长50m的道路。

7.2　布局与视口

一个设计项目可以有多个AutoCAD文件，一个文件可以有多个布局，可以从不同的文件中抽取多个布局构建图纸集，组成一个项目的设计图集。

1. 布局

布局（Layout）的释义就是字面意思，比如：公园的布局、街道的布局、杂志封面的布局等。一个布局（Layout）就是将要输出的一幅图样，是一块图板如何摆放图框、标题栏、视口、文字说明、尺寸标注等内容。如图7-2所示，是一个建设项目的公示图板，来源于青岛市自然资源和规划局网站zrzygh.qingdao.gov.cn。

2. 视口、视口比例

视口是观察模型空间的窗口，是框景的画框，可以想象三维模型空间是一个售楼处的沙盘，你手搭取景框在外围框景，参见1.5控制当前视口显示，图1-20。从顶部向下俯视框景获取平面图、从前面框景获取前立面图、从右面框景获取右立面图、从一个角点框景获取轴测图，如图7-3所示。一个布局可以有一个或多个视口，如图7-2所示，右上角视口是总平面图、右下角视口是一幅鸟瞰图，景物对象在图上的尺寸与在模型空间中的尺寸之间有个缩放比例，称为视口比例，每个视口的比例可能不同。

图7-2　布局与视口

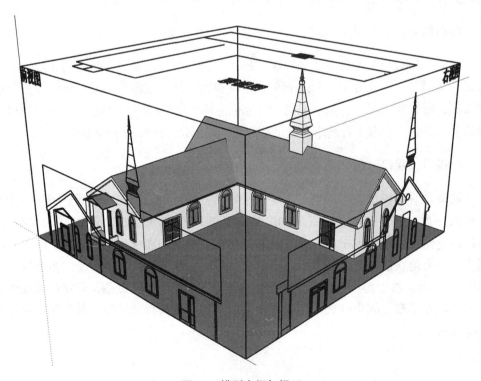

图7-3　模型空间与视口

7.3 布局设置流程

绘图区左下角有三个选项卡，称为"布局选项卡"，如图7-4所示，布局1、布局2是一个图形文件默认包含的两个布局，🖰单击其右侧的"+"，如图7-4所示操作❶，可新建布局3、布局4、……。🖰单击其中一个"布局"选项卡，如图7-4所示操作❷，将从模型空间切换至图纸空间，🖰单击"模型"选项卡可返回模型空间。在其中一个"布局"选项卡上🖰右击，弹出快捷菜单，🖰单击其中的项目可进行与布局相关的操作，如图7-4所示操作❷❸。

7.3.1 布局的页面设置

1. 打开页面设置对话框

🖰单击"布局1"选项卡，如图7-4所示操作❷，从模型空间切换至图纸空间，布局页面默认是A4横幅，如图7-4所示。功能区选项卡尾部显示上下文选项卡"布局"，🖰单击"布局"选项卡→🖰单击"页面设置"按钮🗋，如图7-4所示操作❹❺，打开"页面设置管理器"→🖰单击"修改"按钮，如图7-5所示操作❶，打开"页面设置"对话框，如图7-6所示。

2. 选择绘图仪或打印机

如图7-6所示操作❶，在列表中🖰单击选择绘图仪或打印机。如果你的计算机没有连接绘图仪或打印机，可选择"AutoCAD PDF（High Quality Print）.pc3"，这是一款虚拟电子打印机，可将布局输出为高质量PDF文档。PDF文档在印刷机构较为通用，输出时不能缩放以保持比例尺。

如果你的计算机可连接绘图仪或打印机，需要先安装驱动程序，然后在列表中选择对应的绘图仪或打印机。🖰单击右侧的"特性"按钮，如图7-6所示操作❷，设置绘图仪或打印机的特性，如图纸尺寸、页边距、进纸器等。

3. 选择图纸尺寸

如图7-6所示操作❸❹，在列表中🖰单击选择一种图纸尺寸。练习时可选择"ISO full bleed A3（297.00 x 420.00毫米）"，A3纵幅图纸，full bleed可打印区域最大，利于输出国标图框。

4. 确定打印区域、设置打印比例

"页面设置"对话框的左下角区域，是在模型空间打印输出时需要设置的相关参数，在设置布局页面时，仅核查打印比例使其保持1：1，如图7-6所示操作❺。

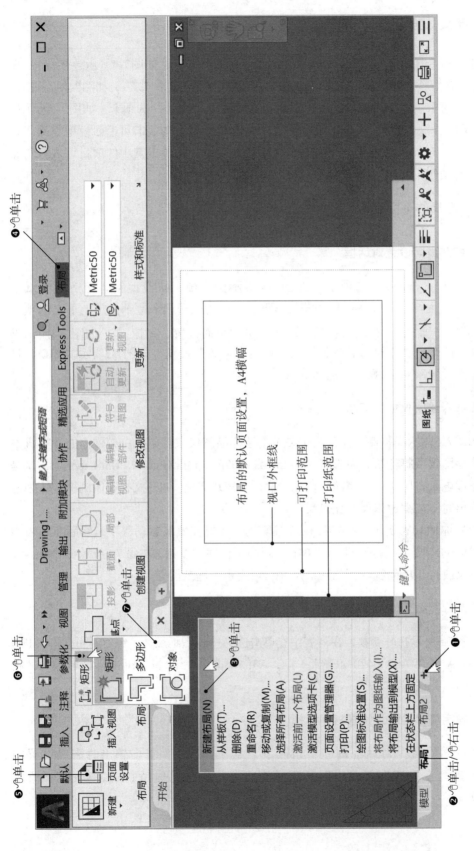

图7-4　设置布局

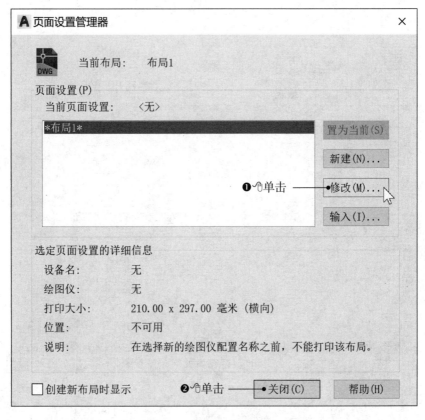

图7-5　页面设置管理器

5. 选择打印样式表

如图7-6所示操作❻，在列表中☝单击选择一种打印样式表。acad.ctb适用于彩色绘图仪或打印机按图层特性的定义输出彩色图；Grayscale将彩色抖动成灰度，适用于黑白绘图仪或打印机输出黑—白—灰组成的灰度图，灰度的深浅区分不同的彩色图层；monochrome.ctb适用于彩色绘图仪或打印机输出纯黑色线条图，这种黑白线条图复印、晒图更清晰。

6. 设置图形方向

如图7-6所示操作❽，☝单击选择纵向/横向，因在步骤3.选择图纸尺寸时选择了A3纵幅图纸，对于南北方向长的场地，☝单击选择纵向。右侧预览图中"A"的头部指向场地的上（北）方向，如图7-6所示❾。

7. 结束页面设置

☝单击左下角"预览"按钮，可预览页面设置，☝单击"确定"按钮，如图7-6所示操作❿，结束页面设置，如图7-5所示操作❷，关闭"页面设置"对话框。

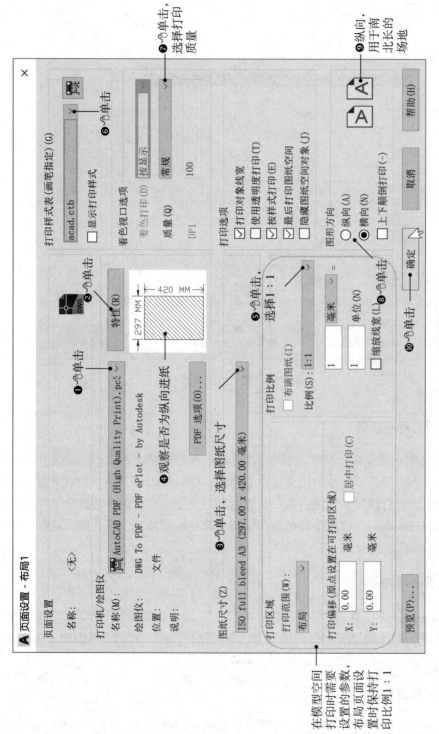

图7-6 页面设置对话框

7.3.2　插入国标图框

AutoCAD中文版没有按照我国制图标准定制的模板和图框，《风景园林制图标准》（CJJ/T 67—2015）中，图框、图签等，规划制图脱胎于城市总体规划，设计制图沿用房屋建筑制图统一标准。在现行制图标准和规范框架内，规划设计单位积累形成自己的图框和图签。

《风景园林制图标准》（CJJ/T 67—2015），设计制图部分主要参考了《房屋建筑制图统一标准》（GB/T 50001—2017），规划制图部分主要参考了《城市规划制图标准》（CJJ/T 97—2003），在放管服的大背景下，城乡规划制图标准一直没有颁布，可参考的是《城乡规划计算机辅助制图标准》（DB11/T 997—2013）。

1. 插入国标图框

如图7-7所示操作❶~❿，将图框文件作为一个图块按比例1：1插入到当前布局中，插入操作在布局中完成，请勿返回模型空间。

2. 填写图签信息

图签中的项目名称等信息，在每次插入时都不尽相同，在绘制图框时将其定义为属性，将图框文件作为块插入时，弹出"编辑属性"对话框，如图7-8所示，逐项输入、核对、修改。

3. 删除默认视口

插入图框后的布局页面如图7-9所示，默认视口线处于A3页面的左下角，🖱单击选中视口线→删除，如图7-9所示操作❶，在有图形的文件中练习时布局清空，吓一跳，以为图形被删除了，其实删除视口只是关闭了观察模型空间的窗口，模型空间里的图形安然无恙。

练习用的图框附有说明文字，与图框一起作为块插入，说明文字与图框在一个块内，🖱单击选中说明文字→分解（块）→🖱单击选中说明文字→删除，如图7-9所示操作❷。图框块分解后，项目名称等属性可以🖱双击后修改，如图7-9所示操作❸。

输出图样时套印图框的思路是：绘制某种规格的图框，包含图框线、标题栏、会签栏等，图签中的项目名称等随图样而变化的文字定义为属性，保存为一个独立的图形文件，如"GB_A3横向.dwg"是用于A3横幅图纸的国标图框。将图框文件作为块按比例1：1插入到布局中，或插入到模型空间后再缩放至合适大小，参见4.2.4 将一个图形文件作为块插入。

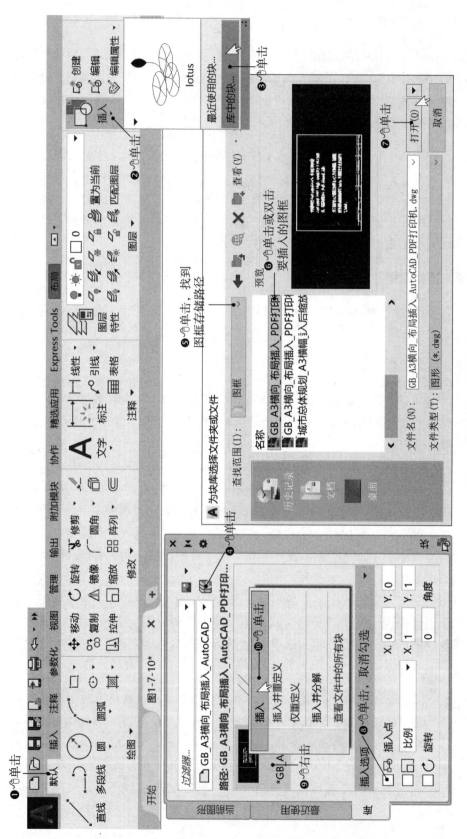

图7-7 插入图框—布局

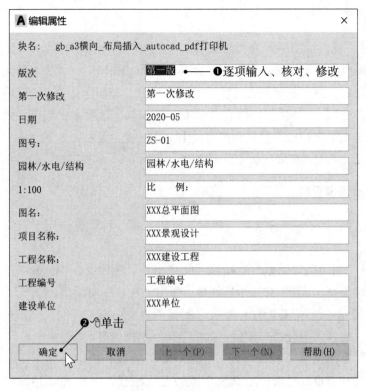

图7-8 填写图签信息

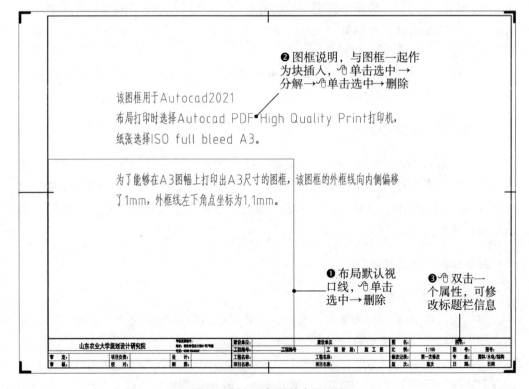

图7-9 插入图框后的布局页面

7.3.3 新建视口

将"图框_视口"图层置为当前图层（这个图层是随图框一起插入的），如果没有插入国标图框，可创建一个新图层，将其命名为"视口"并设为当前层。视口框线放置于独立图层，便于控制是否打印输出。切换至"布局"选项卡，👆单击功能区右端的"布局"选项卡，如图7-10所示操作❶，"布局"选项卡中集成了设置布局的命令和工具，是上下文选项卡，只有在布局里工作时才会显示，如果当前工作在模型空间里，需要先👆单击"布局1/布局2"选项卡，如图7-4所示操作❷，切换至图纸空间。

1. 自动设置多视口

AutoCAD预设有多个标准视口配置，可以选择一种配置应用于当前布局，自动创建多视口。

1）打开"视口"对话框。在功能区的"布局"选项卡，👆单击"布局视口"面板右侧的启动器↘，如图7-10所示操作❷，弹出"视口"对话框。

2）选择标准视口配置。在标准视口配置列表中选择一种配置，如：👆单击"四个：相等"，选择四等分视口配置，如图7-10所示操作❸。

3）选择二维/三维。展开"设置"栏目下的列表，👆单击选择二维或三维，如图7-10所示操作❹❺。三维用于其他来源的三维模型，如SketchUp等导入的三维建筑模型，配置中的每一视口都使用标准三维视图，如图7-10右图所示。一般仅使用AutoCAD的二维功能，即使平立剖三视图也是绘制在同一个XY平面里的平面图。在对话框右侧的预览区，可预览"二维/三维"视口的划分、排列、视觉模式，创建后还可以使用视口左上角的控件更改。

4）指定视口生成区域。对象捕捉图框内框线的左下角点，👆单击→捕捉内框的右上角点，👆单击，如图7-10所示操作❼❽。布局重生成，如图7-10右图所示。

2. 创建单一矩形视口

如果图幅较小，一个布局可能仅需要一个矩形视口，在功能区的"布局"选项卡，👆单击"布局视口"面板中的"矩形"命令按钮，如图7-4所示操作❹❻❼→对象捕捉图框内框线的左下角点，👆单击→捕捉内框的右上角点，👆单击，如图7-10所示操作❼❽。

3. 创建多个自定义视口

1）创建多边形视口。

在功能区的"布局"选项卡，👆单击"布局视口"面板中的"多边形"命令按钮，如图7-4所示操作❹❻❼→对象捕捉并顺序👆单击点A、B、C、D，点B、C是内框线的中点→👆右击，👆单击"闭合"，创建了一个多边形视口，如图7-11左图所示。上述操作是为了讲解创建多边形视口命令，使用创建矩形视口命令结果类似。

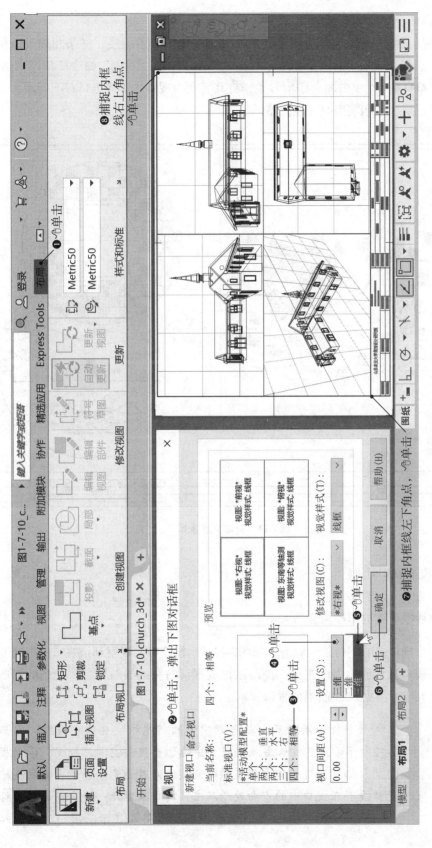

图7-10　创建标准视口——三维模型

2）将闭合对象转换为视口。

在布局页面右侧绘制闭合图形对象，如圆、椭圆、多段线、样条曲线等→在功能区的"布局"选项卡，🖱单击"布局视口"面板中的"对象"命令按钮，如图7-4所示操作❹❻❼→🖱单击闭合图形对象，将其转换为视口，如图7-11右图所示。如果用云线作视口，打印输出时速度异常的慢。

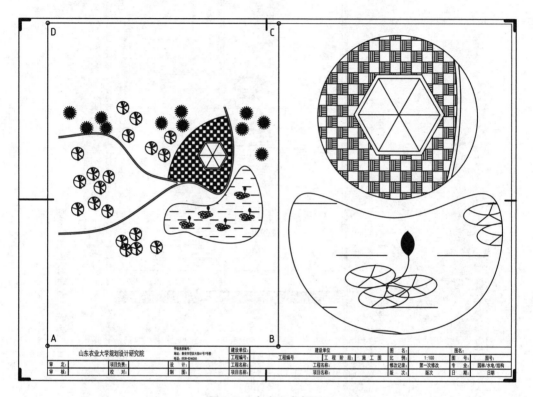

图7-11　自定义多视口

7.3.4　设置视口比例

1. 激活视口缩放图形至合适大小

在一个视口内的空白处🖱双击，如图7-12所示操作❶，观察到该视口的框线变为粗线，该视口激活成为当前视口，使用鼠标或视口右侧的导航栏，将绘制的图形缩放至合适大小，参见1.5控制当前视口显示。

一个视口激活后，状态栏中部的"图纸"变为"模型"，如图7-12所示❷，视口从图纸空间"穿越"至模型空间，处于"浮动模型空间"，可透过视口在模型空间绘制、修改图形。易于出现的误操作是：没有在视口内的空白处🖱双击，视口未激活→先向前转动鼠标滚轮，布局页面整体放大，视口框线超出屏幕显示范围→这时想起来了，在空白处🖱双击，视口激活→处于"浮动模型空间"，如何从中逃脱？→🖱单击状态栏中部的"模型"返回图纸空间，如图7-12所示🖱→向后转动鼠标滚轮，布局页面整体缩小，终于看到视口框线了☺。

2. 选择预设视口比例

观察状态栏右侧视口比例数值，如图7-12右下角所示0.005220，这就是视口当前的比例。🖱单击比例数值，向上弹出预设比例列表，在列表中🖱单击选择一个比例，将其应用于当前视口，如图7-12所示操作❶❷。如果在列表中🖱单击"按图纸缩放"，绘制的图形充满视口。

在模型空间里图形正常，视口里怎么没有图形呢？创建的新视口，默认"按图纸缩放"，在模型空间中绘制的图形充满视口，或图形界限的默认范围充满视口，以二者中较大范围为准。新建的视口里没有图形，或🖱单击"按图纸缩放"后图形不见了，可能的原因是当前视口内幅员辽阔，绘制的图形只是沧海一粟。如直接在测绘底图上绘图，坐标系原点在喜马拉雅，可在绘图前先将底图移动到原点附近第一象限；绘图过程中有误操作，在遥远的角落产生了垃圾，可将所需要的图形对象复制到一个新建的图形文件，参见3.2.5跨文档复制（剪贴板）。

3. 在列表中添加自定义比例

如果预设比例列表中没有需要的比例，可将常用的自定义比例添加到这个列表，或先在特性选项板中输入自定义比例试算（见后续步骤5~7）。在列表中🖱单击"自定义"，弹出编辑图形比例对话框，如图7-13所示操作，添加自定义比例到预设比例列表。

4. 取消视口激活

在视口框线外的空白处🖱双击，或🖱单击状态栏中部的"模型"，如图7-12所示操作❸🖱，视口激活取消，从浮动模型空间返回图纸空间，视口框线由粗线恢复常态。

5. 选择视口

🖱单击一个视口框线将其选中，如果这个视口框线与图框重叠或视口由闭合图形对象转换而来，会弹出"选择集"对话框，在对话框中🖱单击"视口"将其选中，如图7-12所示操作❹❺。

6. 打开特性选项板

在空白处🖱右击，弹出快捷菜单，🖱单击"特性"，如图7-12所示操作❻❼，打开特性选项板，如图7-12中图所示。

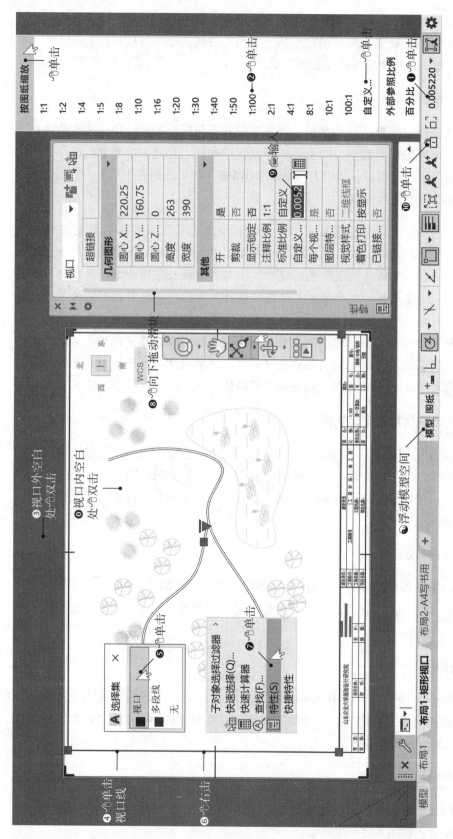

图7-12 设置视口比例

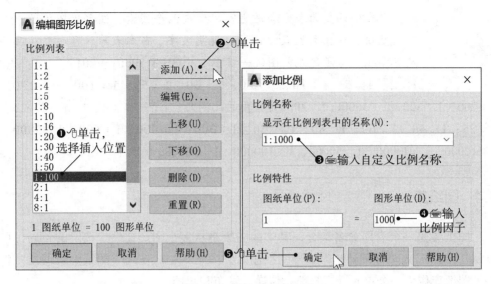

图7-13　添加自定义比例

7. 试算自定义视口比例

在特性选项板中向下拖动左侧滑块，如图7-12所示操作❽，选项板内容上移，观察"自定义"右侧数值，0.0052是当前的视口比例。如图7-12所示操作❾，⌨输入比例数值0.005回车，此时的视口比例为1:200=0.005。输入的比例数值一般略小于原数值，其倒数要符合制图规范对图纸比例尺的要求。

8. 锁定视口比例

⌒单击状态栏右侧的锁定按钮 🔒 ，如图7-12所示操作❿，可锁定该视口比例，再次⌒单击按钮可解锁。如果在视口锁定后缩放视图，将整体缩放布局页面，视口比例保持不变，可防止视口比例意外被修改。

9. 释放视口

在空白处⌒右击，弹出快捷菜单，⌒单击"全部不选"，释放视口。

7.3.5　视口比例与图纸比例尺

图纸比例尺1∶500，$\dfrac{1}{500}$，是指图纸上的一个长度单位＝设计场地中500个长度单位，即图纸上1mm＝设计场地中500mm。比例因子是比例尺中的分母，500。视口比例1∶500是指布局视口中1mm＝模型空间中500个图形单位。如果在模型空间中以毫米为单位绘图，即模型空间中的一个图形单位＝设计场地中1mm，则视口比例＝图纸比例尺；如果在模型空间中以米为单位绘图，即模型空间中的一个图形单位＝设计场地中1m，视口比例1∶500是1mm∶500m，而图纸比例尺＝$\dfrac{1}{500\times1000}$，即1∶500000，这是由于图纸比例尺分子与分母的单位相同。

将比例调整为多大合适呢？要考虑两个因素：图形周围要留出一定的空白，用于放置尺寸标注、说明文字、苗木表等注释对象；比例尺可参照《房屋建筑制图统一标准》（GB/T 50001—2017），1∶1、1∶2、1∶5、1∶10、1∶20、1∶30、1∶50、1∶100、1∶150、1∶200、1∶500、1∶1000、1∶2000为常用的比例尺，1∶3、1∶4、1∶6、1∶15、1∶25、1∶40、1∶60、1∶80、1∶250、1∶300、1∶400、1∶600、1∶5000、1∶10000、1∶20000、1∶50000、1∶100000、1∶200000为可用比例尺。

7.4 图纸集

图纸集是一个有序命名集合，其中的图纸是从多个图形文件中选定的布局，可以从任意图形文件将布局作为编号图纸输入到图纸集中。使用"图纸集管理器"将一个图纸集作为一个单元进行管理、传递、发布和归档。

1.创建图纸集

单击"应用程序"按钮 →鼠标指向 "新建" →单击图纸集 ，如图7-14所示操作。

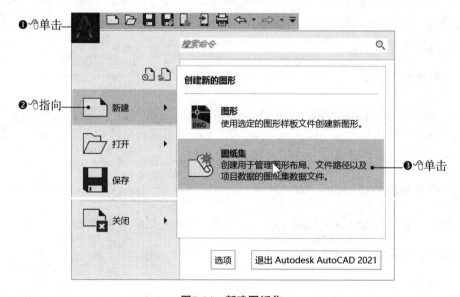

图7-14 新建图纸集

2. 创建图纸集向导

1）选择图纸集构建方式。

单击"现有图形"选项，如图7-15所示操作。使用此选项创建图纸集时，指定一个或多个包含图形文件的文件夹，这些图形的布局可自动输入到图纸集中。

"样例图纸集"选项可提供新图纸集的组织结构和默认设置（不一定符合行业习惯），使用此选项创建空图纸集后，可以单独输入布局或创建图纸。

图形文件的布局选项卡以将来的图纸标题命名，确保不包含 # 字符。

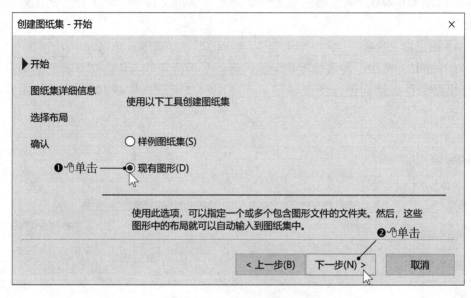

图7-15　以现有图形创建图纸集

2）命名图纸集并指定存储路径。

☞输入新图纸集的名称，指定图纸集保存的文件夹，如图7-16所示操作。

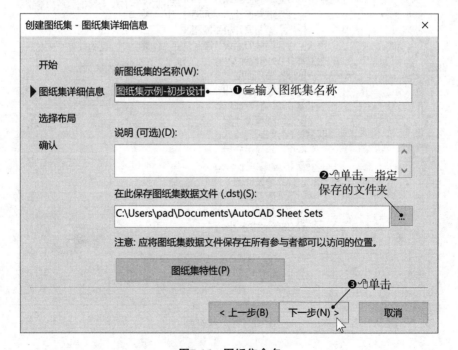

图7-16　图纸集命名

3）选择输入到图纸集中的布局。

🖰单击"浏览"→指定一个包含图形文件的文件夹→文件夹中所有图形文件的布局自动输入，在列表中🖰单击核选框☑，取消勾选不需要的图形文件或布局，如图7-17所示操作❶❷→可重复上述操作，指定更多的文件夹，输入更多的图形文件布局。

4）设置输入选项。

🖰单击核选框☑，勾选或取消勾选，设置是否将文件名作为图纸标题的前缀，是否根据文件夹结构创建图纸集子集，如图7-17所示操作❸~❻，结果如图7-18所示。

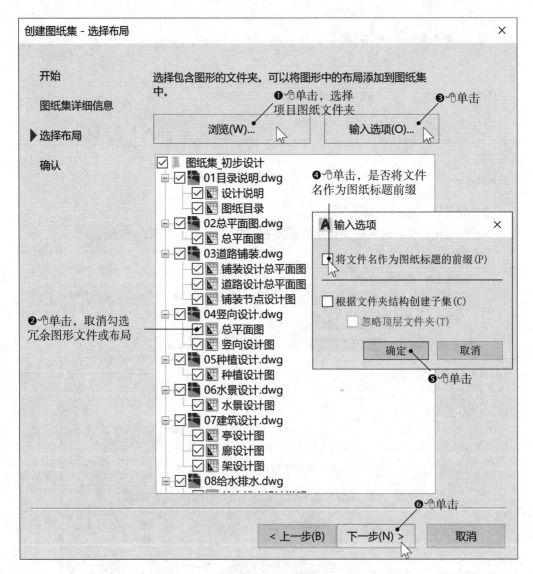

图7-17　选择布局

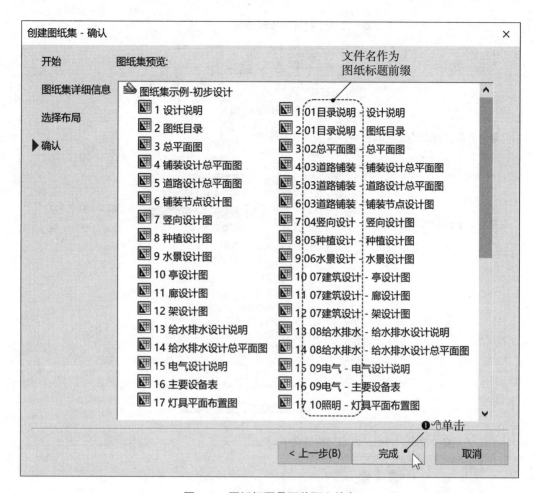

图7-18　图纸标题是否前缀文件名

3. 调整图纸顺序、重命名标题

创建图纸集后，自动弹出"图纸集管理器"，在其中显示新创建的图纸集，如图7-19所示。在图纸列表中，上下拖动图纸标题可调整排列顺序，在一个图纸标题上右击，弹出快捷菜单，可重命名图纸标题和编号，如图7-19所示操作。

图纸集管理器可以管理现有图纸集，启动方法：依次单击"视图"选项卡→"选项板"面板→图纸集管理器，如图1-13所示操作❺。如图7-19所示操作❹，打开现有图纸集。

4. 图纸集发布、归档

图纸集发布，是将图纸集输出到绘图仪或PDF、DWF等文件。图纸集归档，是将图纸集及包含的图形文件，压缩打包存储为Zip文件，便于通过网络传输和档案管理。操作步骤如图7-20所示。

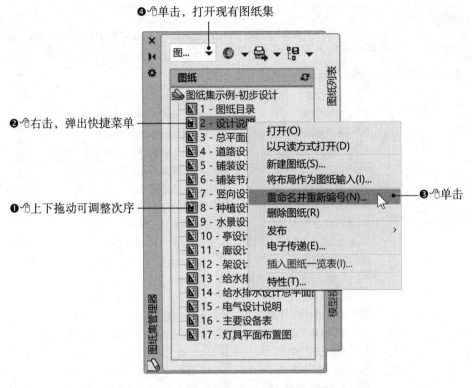

图7-19 调整图纸顺序、重命令标题

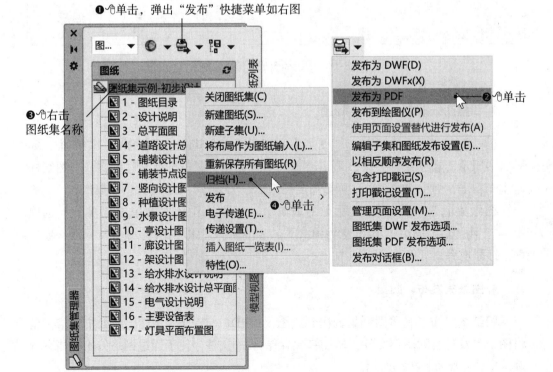

图7-20 图纸集发布归档

思 考 题

1. 试述模型空间与图纸空间的关系。

2. 使用布局有哪些优势？在一个布局中创建多个视口有什么用途？

3. 试述布局设置的工作流程。

4. 工作单位没有绘图仪或打印机，布局页面设置时选择哪种打印机较为稳妥？

5. 打印样式表中，Grayscale灰度适用于哪种情形？

6. 是否允许用缩放Scale命令改变国标图框的尺寸？

7. 在布局页面如何自动设置多个标准视口？

8. 如何激活和取消激活一个视口？

9. 在一个激活的布局视口中绘制图形，这些图形在模型空间还是在图纸空间？

10. 如何设置视口比例？怎样添加自定义比例到预设比例列表？

11. 视口比例与图样上标注的比例尺有什么关系？

12. 尝试创建一个图纸集。

第8章　图样注释

注释对象通常用于向图形添加信息，包括文字说明、尺寸标注、引线、表格等说明性符号。注释对象提供有关功能的信息，例如墙的尺寸、构件的尺寸或详细信息标注。

8.1　注释性与非注释性

在AutoCAD中图形一般是以真实尺寸绘制在模型空间的，是按照1∶1的等比例尺绘制的。注释对象可以绘制在模型空间，也可以绘制在布局的图纸空间，各有优缺点，传统的方案是绘制在模型空间。

假设你在俯拍校园的沙盘（三维模型），期望照片上的篮球场地中央写着"篮球场"三个字。方案一是制作沙盘时在篮球场地中央镶嵌上"篮球场"三个大字，拍摄获得的每张照片都会有"篮球场"三个字，不同照片上字的大小可能不同；方案二是先拍摄沙盘获得图片，然后在每张图片上打印"篮球场"三个字，每张图片上的文字都要重复打印一遍，打印文字采用同样字号（大小一致）。

把文字（注释对象）绘制在模型空间，如方案一，每张图片在布局中是一个视口，图片上的文字与篮球场地镶嵌文字的缩放比例就是视口比例。在文字样式定义时，将文字样式定义为"注释性"，AutoCAD会按照图片上要求的文字大小自动放大后镶嵌在篮球场地的地板上，缩放的倍数是视口比例的分母，称为视口的比例因子；如果将文字样式定义为"非注释性"，定义时文字高度需要手工乘上视口的比例因子。

把文字（注释对象）绘制在图纸空间，如方案二，每张图片是布局中的一个视口，每个布局是将要输出的一幅图样，文字直接写在布局页面（不要激活视口）不需要缩放，只需要将文字样式定义为"非注释性"，文字高度定义为输出后图纸上的高度。

注释对象在样式定义时有注释性与非注释性可供选择，如果要将注释对象绘制在模型空间里，∨选"注释性"，AutoCAD会将注释对象自动缩放合适的倍数（视口的比例因子）绘制在模型空间里，如果不∨选"注释性"则这个缩放倍数需要手工完成。如果要将注释对象绘制在图纸空间里（布局页面），不需要∨选注释性。

创建块定义时也有注释性与非注释性可供选择。如果知道块在输出后图样上的尺寸，如标高符号，∨选"注释性"，块在模型空间的尺寸=创建块定义时原始对象尺寸×注释比例。如果知道块在真实世界的尺寸，如树木符号（冠径），不∨选"注释性"，块的大小就是树木的实际尺寸而与注释比例无关。

8.2 文字

一幅图样上可以书写三种字体的文字，图的标题直接使用Windows系统的True Type字体，这与微软Office等应用软件相同。AutoCAD应用软件起源时还没有Windows系统，为了在图样中书写文字，有自己专用的矢量字体（Shape字体.shx），使用这种字体书写图样的注释是行业潜规则，非Shape字体注释的图样会被疑为不专业。《房屋建筑制图统一标准》（GB/T 50001—2017）中规定：图样及说明中的汉字，宜采用长仿宋体（矢量字体）或黑体，同一图样字体种类不应超过两种，字高大于10mm 的文字宜采用True Type字体，大标题、图册封面、地形图等的汉字，也可书写成其他字体，但应易于辨认。长仿宋体是一种瘦高的字体，高宽比为3∶2，汉字高度一般取3.5mm、5mm、7mm、10mm、14mm、20mm，字母和数字应不小于2.5mm，观察一下可以发现字高均为5和7的倍数。

AutoCAD简体中文版提供中文、英文数字Shape字体库，由三个文件组成。Shape字体是用图线绘制的单笔画字体，笔画粗细由线宽控制，长仿宋体高宽比3∶2，符合国家制图标准。

gbenor.shx 英文数字正体，建筑制图

gbeitc.shx 英文数字斜体，机械制图

gbcbig.shx 汉字库

文件名称gbenor可解读为：gb国标-e英文-nor正体。历史上曾出现过多种AutoCAD专用的中文美术字库，如标宋、魏碑、行楷等，用来书写图样大标题，Windows版的AutoCAD14开始支持True Type中文字库，Shape美术字库逐渐被边缘化。

在功能区中的默认选项卡，注释面板仅集成有书写文字工具，在注释选项卡中有独立的文字面板，如图8-1所示。

书写图标题、图签标题等，可直接使用Windows系统的True Type字体。书写图样注释文字，需要先定义文字样式，一个文字样式包含的参数有：名称、英文数字使用哪种Shape字体、汉字使用哪种Shape字体、是否为注释性、文字高度等。

8.2.1 标注用文字样式的定义

在标注、引线等样式定义中，默认采用预置文字样式Standard。标注用文字样式是非"注释性"文字，文字高度值为0，文字高度、注释性等参数在标注样式定义中设置。标注用文字样式的设置思路有两个：一是修改文字样式Standard，将其设置为专用Shape字体组合gbenor.shx+gbcbig.shx；二是新建自定义文字样式Dimension，在标注、引线等样式定义时，将文字样式一一修改为Dimension。

【例8-1】修改预置文字样式Standard，新建自定义文字样式，将其命名为Dimension。

1）启动文字样式命令。

如图8-2所示操作，⬚单击"注释"选项卡→⬚单击"文字"面板右下角的展开器按钮↘，弹出文字样式对话框。

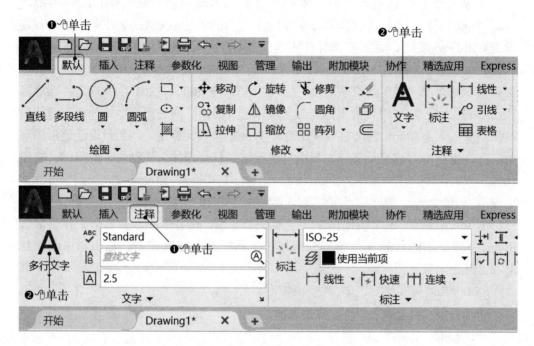

图8-1 多行文字

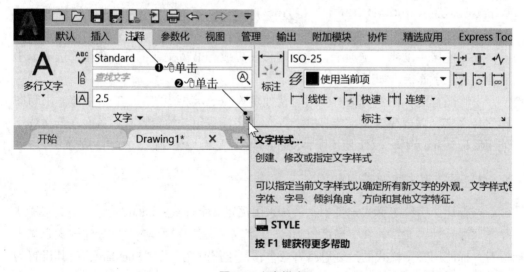

图8-2 文字样式

2）修改预置文字样式Standard。

如图8-3所示操作❶❺❻❼❽，将其设置为Shape字体组合gbenor.shx+gbcbig.shx、非注释性、文字高度0，⬚单击"关闭"退出。

3）新建自定义标注用文字样式。

如图8-3所示操作❶~❽，文字样式名称可自定义为Dimension/biaozhu/标注，设置为Shape字体组合gbenor.shx+gbcbig.shx、非注释性、文字高度0，🖰单击"关闭"退出。

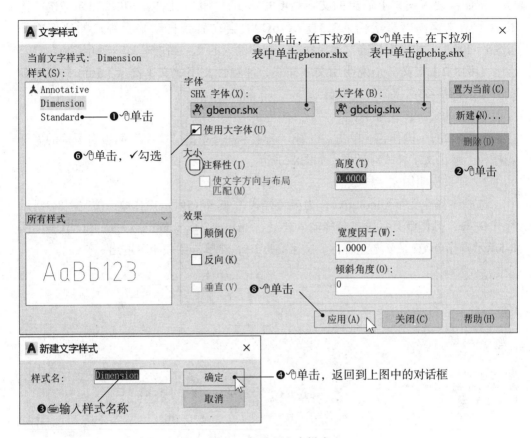

图8-3 标注用文字样式

8.2.2 说明用文字样式的定义

说明用文字样式一定要与标注中使用的文字样式分开定义，不要相互借用。字体也是长仿宋字，区别是文字的高度值不为0。如果直接在布局页面（图纸空间）书写文字，文字高度值与输出图样上要求的高度相等，如3.5mm。如果在模型空间中书写文字，就像大地景观中的文字，如图8-4所示（图片来源：江山市人民政府网站），而设计图样

图8-4 彩色水稻大地景观
（图片来源：江山市人民政府网站）

就像在空中俯拍的一张照片，照片上的文字与大地上的文字之间存在着一定比例关系，这就是视口比例。在模型空间中书写文字，文字高度值的计算方法如下：

文字高度＝输出图样上要求的高度×视口的比例因子

例如：要求图样上输出的文字高度3.5mm，视口比例1：200。如果√选"注释性"，文字高度直接输入3.5，AutoCAD会在后台自动乘上视口的比例因子（3.5×200）；如果不√选"注释性"，则要输入的文字高度＝3.5×200=700。

【例8-2】定义一个说明用文字样式，注释性文字、文字高度3.5mm，命名为gb35（gb国标-35文字高度3.5mm）。

1）启动文字样式命令。

如图8-2所示操作，🖱单击"注释"选项卡→🖱单击"文字"面板右下角的展开器按钮，弹出文字样式对话框，如图8-5所示。

2）定义说明用文字样式。

选择注释性文字Annotative作为参考样式，如图8-5所示操作❶→仿照图8-3所示操作❷~❼，操作❸文字样式名称输入gb35，Shape字体gbenor.shx+gbcbig.shx→如图8-5所示操作❽❾❿，√选注释性、文字高度3.5，🖱单击"关闭"退出。

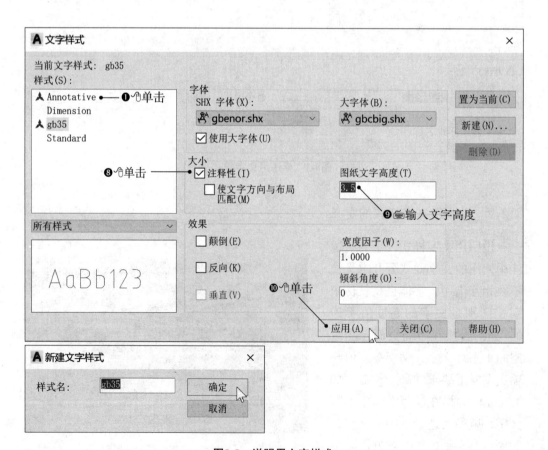

图8-5 说明用文字样式

8.2.3　多行文字Mtext

1. 命令功能

书写文字有两个命令，多行文字和单行文字，在功能区中有两个命令入口，如图8-1所示。多行文字的使用与Word等文本编辑器相似，单行文字命令在输入文字过程中每次回车换行就作为一个新的对象，因功能较弱已很少使用。

2. 启动方法

命令按钮：依次单击"默认"选项卡→ "注释"面板→ 多行文字 **A** 或单行文字 **A**，如图8-1所示操作。
键盘输入：输入Mtext或Text→敲击Enter键（回车键）。

3. 操作步骤

1）启动多行文字命令，单击多行文字命令按钮**A**，如图8-1所示操作。
2）划定书写区域，如图8-6所示操作，方法与绘制矩形类似，在绘图区中要书写多行文字区域的一个角点，单击，移动鼠标到对角点，出现一个矩形框指示了文字的书写区域，单击，功能区选项卡尾部显示上下文选项卡"文字编辑器"，文字编辑相关的命令/工具覆盖显示在功能区，划定的书写区域弹出独立的文字编辑对话框，如图8-7所示，文字编辑对话框的大小是由文字高度值与当前屏幕显示区域的尺寸关系决定，可使用鼠标滚轮缩放。
3）在文字编辑对话框中输入、编辑文本，操作与Word等文本编辑器相似，单击"关闭文字编辑器"按钮，退出。

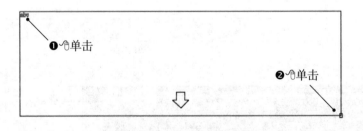

图8-6　划定多行文字书写区域

8.2.4　图标题与空心字

书写图样标题一般直接使用Windows TrueType中文字体，不需要预先定义文字样式。

【例8-3】书写图样标题，设置打印输出时空心。
1）创建一个新图层，将其置为当前图层，放置书写的文字对象。

2）启动多行文字命令、划定书写区域。

👆单击多行文字命令按钮 **A**，如图8-1所示操作→方法与绘制矩形类似，如图8-6所示操作。

3）选择TrueType字体、输入文字高度值。

如图8-7所示操作❶❷。在字体列表中TrueType和Shape字体混编在一起，名称以符号@开头的TrueType中文字体是躺倒的，要选择名称前面没有@符号的中文字体，一般处于字体列表的底部。

4）输入标题文字。

如图8-7所示操作❸，输入过程中如果文字自动换行，则说明相对于划定的区域文字太大，可👆拖动选中已输入的文字，如图8-7所示操作❷，输入一个较小的文字高度值后回车。图样标题字的高度不是很严格，大小与图面协调即可。

5）关闭文字编辑器。

👆单击"关闭文字编辑器"按钮，如图8-7所示操作❹，文字编辑器关闭，多行文字命令结束。

6）重新编辑图样标题。

👆双击书写好的标题文字，可再次打开文字编辑器，重新编辑标题文字的内容，更改字体和文字高度，如图8-7所示操作❶❷❸。

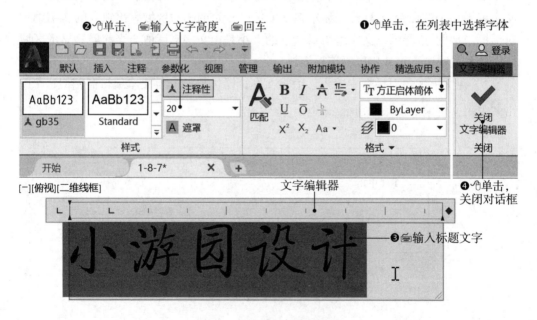

图8-7　多行文字书写图标题

7）空心字。

如果希望图样输出后标题是空心字，如图8-8所示，可更改系统变量Textfill的值，Textfill控制着Windows的True Type字体输出后是否填充，默认值为1表示填充，0表示空心，设置后仅在打印或打印预览时才空心，参见5.4系统变量。

系统变量Textfill的设置方法：⌨键盘输入Textfill回车→⌨输入0（零）回车。

Textfill控制着True Type字体是否填充，只有打印或打印预览时才空心。

图8-8　图样标题空心字

8.2.5　选择注释比例

在模型空间中，使用"注释性"文字样式书写说明文字，要先选择当前视图的注释比例，创建尺寸标注等注释对象前有同样的要求。

例如：创建的布局中一个主要视口的比例是1∶200，如图8-9所示操作❶~❽，先添加一个自定义比例1∶200到比例列表中，如图8-9所示操作❶❾，选择当前注释比例1∶200，随后书写的说明文字，将以此注释比例作为初始注释比例。

8.2.6　书写说明文字

【例8-4】在模型空间中，书写"注释性"说明文字。

1）创建一个新图层，将其置为当前图层，放置书写的文字对象。

2）选择注释比例，仿照图8-9所示操作❶❾，练习时新建的图形文件可选择1∶20，在默认的图形界限书写的文字大小适宜。

3）启动多行文字命令，划定书写区域。

🖱单击多行文字命令按钮 **A**，如图8-1所示操作→方法与绘制矩形类似，如图8-6所示操作。

4）选择文字样式。

选择文字样式gb35，如图8-10所示操作❶，文字样式定义参见8.2.2 说明用文字样式的定义【例8-2】。

5）输入汉字、英文字母、数字。

⌨输入设计说明等文字，如图8-10所示操作❷。

6）分式、上下标。

如图8-10所示操作❸，⌨输入1/2后⌨敲空格键，或🖱拖动选中1/2后，如图8-10所示操作❹，🖱单击堆叠按钮 $\frac{b}{a}$，1/2将写成 $\frac{1}{2}$。如果⌨输入1^2，则1为上标2为下标，写上下标时可以只写其中的一个。

7）符号。

书写直径、正负符号∅、±，如图8-10所示操作❺❻。

书写平方米、立方米符号m^2、m^3，⌨输入m，如图8-10所示操作❺❻。

8）从文件中输入文本。

如果设计说明等大段的文字已经有文本文件，可以先清除所有文本格式（将文

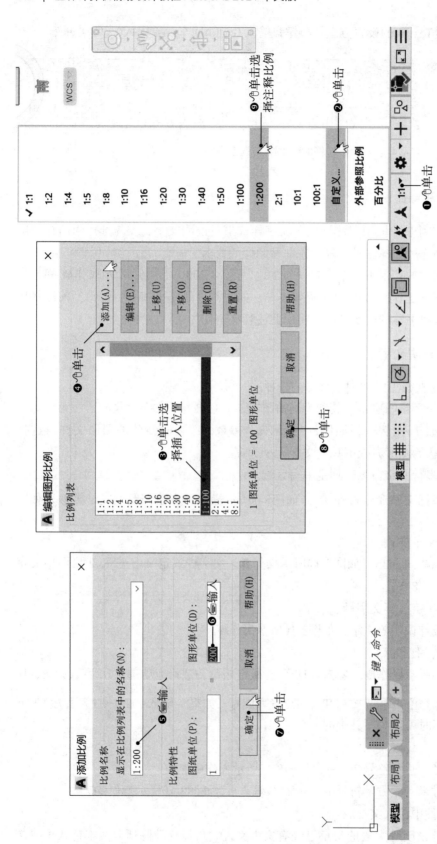

图8-9 添加自定义比例、选择注释比例

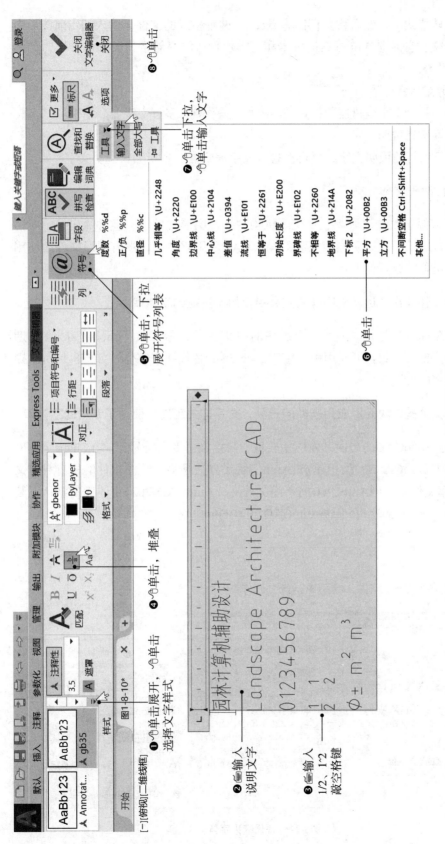

图8-10 书写说明文字

本恢复为默认格式），然后将其存储为.txt、.rtf两种格式的文件，输入到当前图形中来，这两种文件分别是Windows记事本和写字板默认的存储格式。操作方法，如图8-10所示操作❼。

9）关闭文字编辑器。

🖰单击"关闭文字编辑器"，如图8-10所示操作❽，多行文字命令结束。

10）重新编辑说明文字。

🖰双击已书写的说明文字，可再次打开文字编辑器，重新编辑说明文字。

8.2.7 替代缺失字体

在打开来源于测绘、城规、建筑等机构的.dwg图形文件时，经常弹出提示对话框，如图8-11所示，这说明当前安装的AutoCAD应用软件中，没有图形文件中使用的字体库，可能的原因如下：

1. 图形文件年代久远，文字样式定义中使用了过往的字体库

使用了Shape中文美术字库，或过往的中文字库名称，如：gbcbig.shx在早期版本中曾经是hztxt.shx。可使用中文字库gbcbig.shx替代缺失字体，如图8-11所示操作，保持汉字的可读性。

2. 图形文件是二次开发应用软件的产物，文字样式定义中使用了专用的字体库

部分基于AutoCAD的二次开发应用软件，自定义了专用符号存储在Shape字体库中，如：南方数码CASS、天正建筑TArch。解决方法是将原绘图软件的所有自定义Shape字体库文件复制到AutoCAD的字库文件夹，AutoCAD 2021字体库的默认安装路径是C:\Program Files\Autodesk\AutoCAD 2021\Fonts。

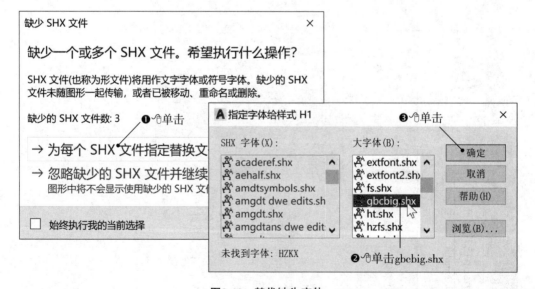

图8-11 替代缺失字体

8.3 注释比例与注释可见性

在状态栏右端（屏幕底部），有一组与注释对象相关的工具，注释可见性、自动添加注释比例（自动缩放）、注释比例，如图8-12所示❶❷❸。注释可见性和自动添加注释比例是开关按钮，🖰单击工具图标可在开启/关闭二种状态间切换，开启时图标加亮显示，图标底色与工具栏不同。

注释比例 ▲ 1:1▾，在模型空间中设置当前注释比例。🖰单击注释比例，列表向上弹出，在列表🖰单击一个注释比例作为当前注释比例。随后采用注释性样式书写的注释对象，将按当前注释比例自动缩放，当前注释比例记录在注释对象属性中，可添加/删除注释比例使一个注释对象具有多个注释比例。

自动添加注释比例（自动缩放）🖾，更改当前注释比例时，新的注释比例是否自动添加给原有注释对象。开启自动缩放，在比例列表中选择一个新的注释比例，这个注释比例将自动添加到已有的所有注释对象，这些注释对象具有多个注释比例，只要视口比例与其注释比例之一相等，这个注释对象就显示在这个视口中。

注释可见性🖾，控制注释对象在哪些视口中显示，默认设置是在模型空间开启（始终），在布局页面的图纸空间关闭（当前比例）。处于开启状态时🖾，忽略注释比例，显示所有注释性对象。处于关闭状态时🖍，仅在视口比例与注释比例相等的视口中显示。

【例8-5】注释比例与注释可见性练习。

1）准备练习图形。新建一个图形文件，绘制圆、多边形作为参照图形，定义文字样式gb35（注释性、高度3.5mm），参见8.2.2说明用文字样式的定义【例8-2】。创建一个新图层，将其置为当前图层。

2）选择注释比例1∶10，🖰单击注释比例 ▲ 1:1▾，🖰单击1∶10，如图8-12所示操作❸。

3）启动多行文字命令，划定书写区域，选择文字样式gb35，⌨输入第一段示例文字，关闭文字编辑器。方法参照8.2.6书写说明文字【例8-4】。

4）查看自动添加注释比例处于哪种状态，🖰单击图标将其设置为开启🖾或关闭🖍，如图8-12所示操作❷。

5）选择一个新注释比例1∶20，🖰单击注释比例 ▲ 1:1▾，🖰单击1∶20，如图8-12所示操作❸。如果自动添加注释比例处于开启状态🖾，则新注释比例1∶20自动添加给第一段示例文字，第一段示例文字具有两个注释比例1∶10和1∶20。

6）启动多行文字命令，⌨输入第二段示例文字，关闭文字编辑器。结果如图8-12中部多边形内的文字所示，第二段示例文字具有注释比例1∶20。

7）手动添加/删除注释比例。

添加/删除注释对象的注释比例，如图8-12所示操作❹❺、如图8-13所示操作❻❼❽❾。当🖰鼠标指向具有多个注释比例的注释对象时，其右上角显示多个注释比例指示符号，如图8-12所示操作❿。

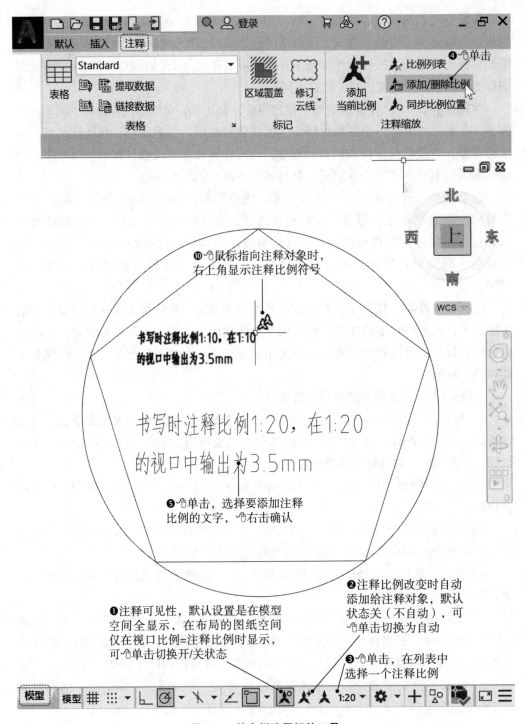

❿🖰鼠标指向注释对象时，右上角显示注释比例符号

书写时注释比例1:10，在1:10的视口中输出为3.5mm

书写时注释比例1:20，在1:20的视口中输出为3.5mm

❺🖰单击，选择要添加注释比例的文字，🖰右击确认

❹🖰单击

❶注释可见性，默认设置是在模型空间全显示，在布局的图纸空间仅在视口比例=注释比例时显示，可🖰单击切换开/关状态

❷注释比例改变时自动添加给注释对象，默认状态关（不自动），可🖰单击切换为自动

❸🖰单击，在列表中选择一个注释比例

图8-12　状态栏注释相关工具

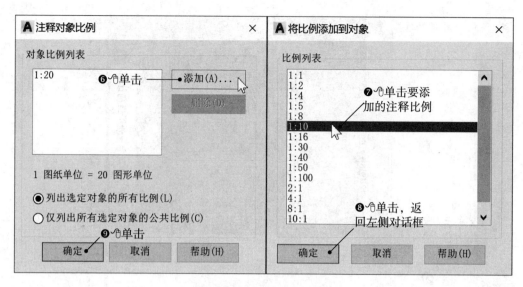

图8-13 添加/删除注释比例

8）切换至布局页面，删除默认视口、新建标准视口（两个：垂直）、设置左视口比例1：10、右视口1：20，如图8-14所示，参见7.3.3新建视口、7.3.4设置视口比例。

当第一段示例文字注释比例1：10、第二段的注释比例1：20，布局页面两个视口中显示的示例文字，如图8-15所示，注释对象仅在视口比例与注释比例相等的视口中显示，文字高度3.5mm（嗨！不用找尺子量了，为了节省版面，插图缩小了☺）。

如果在布局页面开启注释可见性🔲，如图8-14所示操作❺，两个视口中显示的示例文字，如图8-16所示。这时忽略注释比例约束，注释对象在所有视口中显示，但只有注释比例与视口比例相等的注释对象输出尺寸是定义高度。

当第一段示例文字具有两个注释比例1：10和1：20、第二段的注释比例1：20，布局页面两个视口中显示的示例文字，如图8-17所示，第一段示例文字在两个视口中都显示，并且输出尺寸自动缩放至定义的文字高度。

本节内容适用于所有注释对象，包括文字说明、尺寸标注、引线等。在没有"注释性"样式之前，传统的方法是将注释对象书写在不同的图层，按图层控制注释对象在哪些视口中显示，在当前视口中冻结图层，如图4-8所示操作❹，参见4.1.1图层特性管理器。

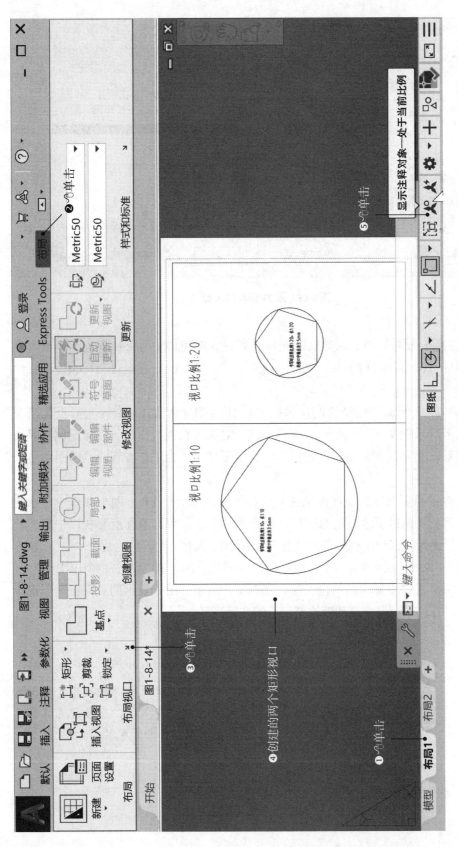

图8-14 默认布局设置双矩形视口

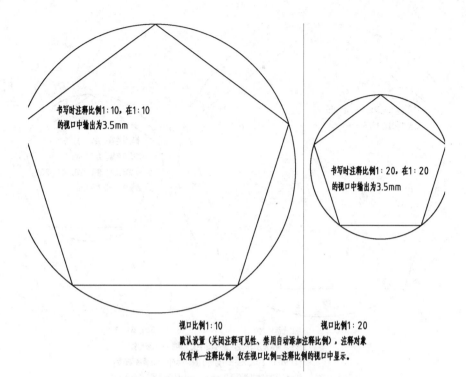

图8-15 注释对象具有单一注释比例，在比例相等的视口中显示

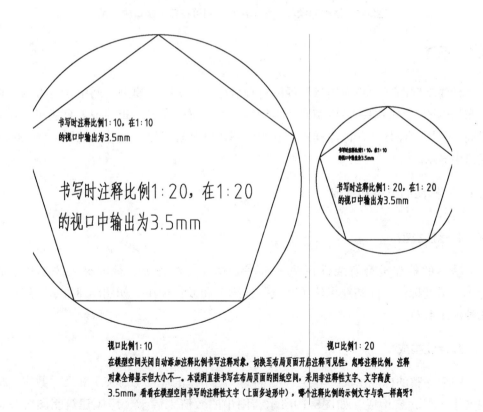

图8-16 在模型空间书写注释性文字，切换至布局页面开启注释可见性

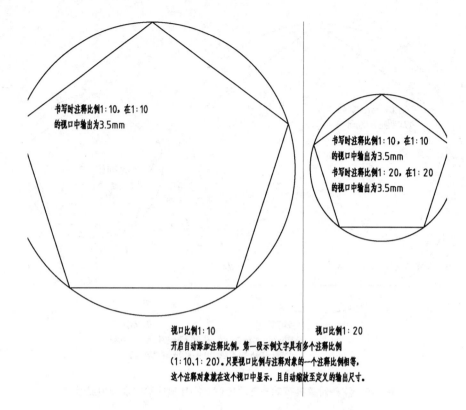

图8-17　沣释对象具有多个注释比例可在多个视口中显示

8.4 标注

标注是向图形中添加测量注释的过程。标注可书写在模型空间中，也可以书写在布局的图纸空间中，在模型空间中标注一次，可以在多个布局中重复使用，效率更高。采用"注释性"标注样式，利用注释比例与视口比例相等，控制标注在哪个视口中显示。

8.4.1　标注的类型和构成

1. 标注类型

基本的标注类型有线性标注（水平、垂直、对齐）、径向标注（半径、直径）、角度标注、同基准标注（基线、连续）和弧长标注，如图8-18所示，列出了几种标注示例。

2. 标注构成

一个完整的标注由尺寸界线、尺寸线、尺寸起止符号（箭头）和尺寸数字（标注文字）等元素构成，如图8-19所示，图中的数值来源于《房屋建筑制图统一标准》（GB/T 50001—2017）。标注是一个整体，分解命令可将其分解为次一级的构成元素，但分解后不再具有标注的性质，也不能作为标注编辑。

　　尺寸数字（标注文字），是用于指示测量值的字符串，还可以包含前缀、后缀和公差。

　　尺寸线，用于指示标注的方向和范围，角度标注的尺寸线是一段圆弧。

　　尺寸起止符号（箭头），在尺寸线的两端，指示标注的起止位置，可以是斜线、箭头等符号。

　　尺寸界线，也称为投影线，由标注坐标点引出延伸至尺寸线。

　　圆心标记是标记圆或圆弧中心的小十字。

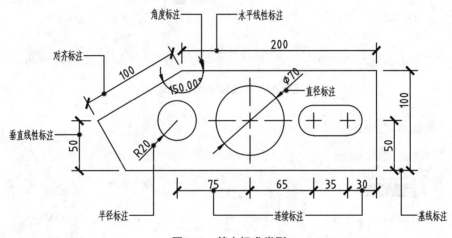

图8-18　基本标准类型

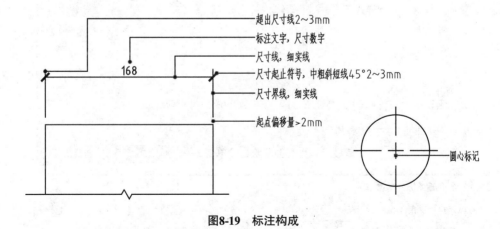

图8-19　标注构成

8.4.2　标注样式定义Dimstyle

　　标注样式是标注设置的命名集合，可用来控制标注的外观，如标注比例、箭头样式、文字样式等。注释性标注样式用于在模型空间标注，非注释性标注样式用于在布局的图纸空间中标注。在功能区的注释选项卡中，标注面板集成了标注相关的命令和工具，如图8-20所示。

1. 打开标注样式管理器

如图8-20所示操作，🖱单击"注释"选项卡→🖱单击"标注"面板右下角的展开器按钮↘，弹出标注样式管理器对话框，如图8-21所示。

图8-20　标注面板-样式定义

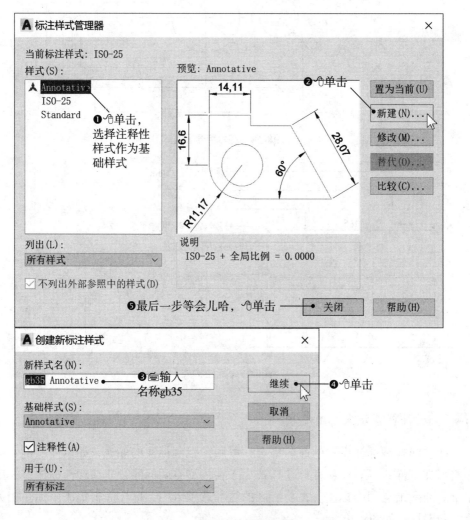

图8-21　新建注释性标注样式

2. 新建注释性标注样式 gb35

　　新建注释性标注样式gb35 Annotative和gb5 Annotative，文字高度分别为3.5mm和5mm，操作如图8-21所示。新建注释性标注样式时，选择Annotative（注释性）作为基础样式。新建非注释性标注样式，可选择Standard或ISO-25作为基础样式。

3. 设置尺寸线等线参数

　　如图8-22所示操作❶❷❸，如果需要固定长度的尺寸界线可继续执行操作❹❺。基线间距是两个相邻基线标注尺寸线之间的距离，如图8-37所示❹。如果定义标注样式gb5，由于文字高度5mm，基线间距可增大至10，在操作❷中✍输入10。固定长度的尺寸界线主要用于建筑的连续标注，如图8-36所示❹。

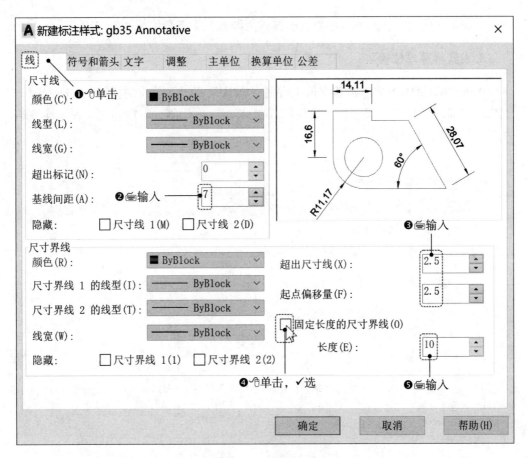

图8-22　尺寸线尺寸界线

4. 设置符号和箭头参数

　　如图8-23所示操作。建筑制图中，尺寸起止符号（箭头）是建筑标记，后续步骤9.将为线性标注建立一个副本标注样式，将箭头样式设置为建筑标记。

5. 设置文字参数

如图8-24所示操作，如果未定义标注用文字样式，执行操作❶❷❸❹，如果已经定义过标注用文字样式，执行操作❶❸❹。定义标注用文字样式，参见8.2.1标注用文字样式的定义。如果定义标注样式gb5，在操作❹中⌨输入文字高度5。

6. 设置调整参数

如图8-25所示操作，在操作❸确认已经勾选"注释性"。如果定义非注释性标注样式，在步骤2.中选择了Standard或ISO-25作为基础样式，此处保持默认设置：不勾选"注释性"、全局比例1。

7. 设置主单位参数

如图8-26所示操作，更改小数点的样式为圆点，设置角度标注的精度。

8. 设置换算单位参数

AutoCAD简体中文版新建图形文件时，默认采用国际单位制样板acadiso.dwt，如果项目需求图样中的尺寸标注采用国际制/英制双单位制，可以勾选"显示换算单位"，如图8-27所示操作。

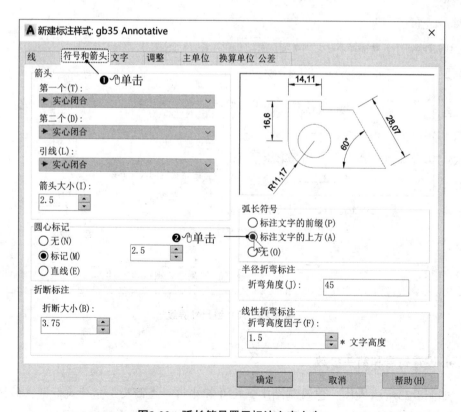

图8-23 弧长符号置于标注文字上方

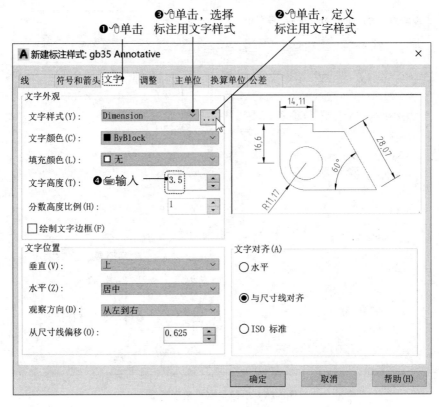

图8-24 文字样式文字高度

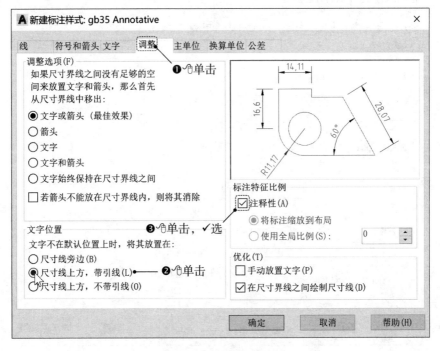

图8-25 注释性全局比例

图8-26 小数点格式角度精度

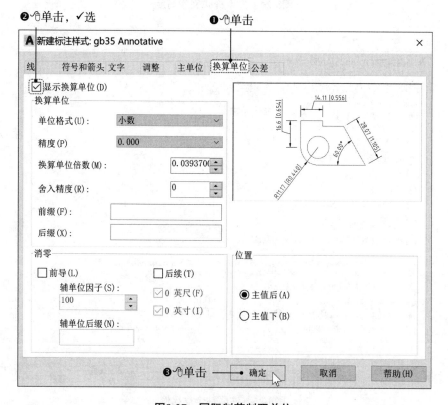

图8-27 国际制英制双单位

9. 新建仅用于线性标注的子样式

建筑制图中，标注的尺寸起止符号（箭头）是建筑标记，可建立一个子样式用于线性标注，箭头设置为建筑标记。如图8-21所示操作❷，在gb35 Annotative标注样式属性下，新建一个子样式。如图8-28、图8-29所示操作，设置子样式"副本gb35 Annotative"用于线性标注，箭头样式更改为建筑标记。

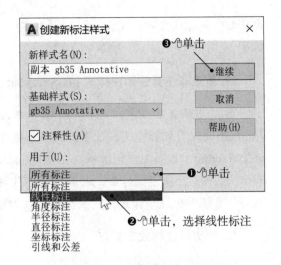

图8-28 用于线性标注的副本样式

图8-29 箭头设置为建筑标记

10. 新建注释性标注样式 gb5

重复步骤2.，如图8-21所示操作❶，在左侧标注样式列表中⚲单击gb35 Annotative作为基础样式，如图8-21所示操作❷❸，在操作❸中⌨输入标注样式名称gb5 Annotative，则继承gb35 Annotative的参数新建样式gb5 Annotative。重复步骤3.，在图8-22所示操作❷中⌨输入基线间距10。重复步骤5.，如图8-24所示操作，在操作❹中⌨输入文字高度5。重复步骤9.建立线性标注子样式，箭头样式更改为建筑标记。

11. 新建非注释性标注样式 gb35 Layout

重复步骤2.，如图8-21所示操作❶，在左侧标注样式列表中🖐单击gb35 Annotative作为基础样式，如图8-21所示操作❷❸，在操作❸中⌨输入标注样式名称gb35 Layout（布局），则继承gb35 Annotative的参数新建样式gb35 Layout。重复步骤6.，如图8-25所示操作❸，取消勾选"注释性"、全局比例保持默认值1。重复步骤9.建立线性标注子样式，箭头样式更改为建筑标记。

12. 结束标注样式定义

如图8-21所示操作❺，🖐单击"关闭"，结束标注样式定义。

8.4.3　创建标注

标注与文字等注释对象相同，可以创建在模型空间，也可以创建在图纸空间，在模型空间标注一次，在多个布局中重复使用，较为常见。在功能区的注释选项卡中，标注面板集成了创建标注等命令和工具，如图8-30所示。

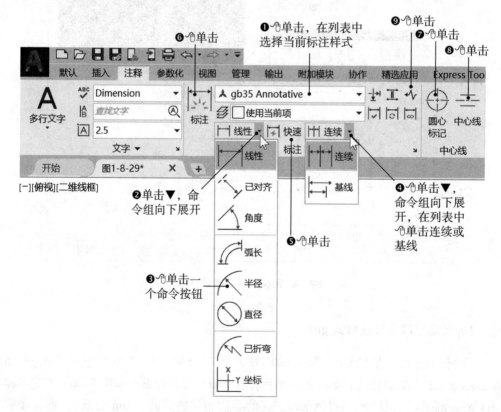

图8-30　标注面板—创建标注

1. 准备工作

创建一个新图层，将其置为当前图层，放置创建的标注对象。进入模型空间，🖱单击绘图区左下角的"模型"选项卡。选择注释比例（布局中主视口的视口比例），参见8.3注释比例与注释可见性，工作中每幅图样各个视口都可能不同。选择将采用的标注样式，如图8-30所示操作❶，选择gb35 Annotative。

2. 线性标注 Dimlinear ⊢⊣

标注2个坐标点的水平或垂直距离，默认的方式是分别捕捉2个标注点，如果要标注的是一个图形对象的2个端点，也可以切换为对象方式，选择这个图形对象。

如图8-30所示操作❷❸，🖱单击"线性"标注命令按钮⊢⊣→如图8-31a所示，捕捉A点🖱单击→捕捉C点🖱单击→向下移动鼠标到合适位置后，🖱单击。

🖱单击线性标注按钮⊢⊣，或🖱右击，🖱单击重复Dimlinear（在弹出的快捷菜单顶部一行）→🖱右击（切换为对象方式）→🖱单击线段CD →向右移动鼠标到合适位置后，🖱单击。

3. 对齐标注 Dimaligned ⟍

标注2个坐标点的直线距离，默认的方式是分别捕捉2个标注点，如果要标注的是一个图形对象的2个端点，也可以切换为对象方式，选择这个图形对象。

如图8-30所示操作❷❸，🖱单击"对齐"标注命令按钮⟍→如图8-31b所示，捕捉A点🖱单击→捕捉C点🖱单击→向左下方移动鼠标到合适位置后，🖱单击。

🖱单击对齐标注按钮⟍，或🖱右击，🖱单击重复Dimaligned→🖱右击（切换为对象方式）→🖱单击线段CD →向右下方移动鼠标到合适位置后，🖱单击。

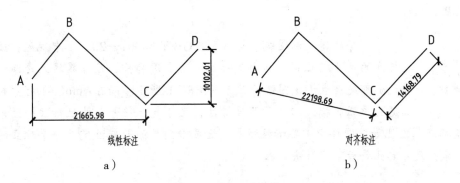

a）　　　　　　　　　　　　b）

图8-31　线性标注对齐标注

4. 角度标注 Dimangular ⟋

标注夹角或圆弧的圆心角，如图8-32所示。

三点夹角。如图8-30所示操作❷❸，🖱单击"角度"标注命令按钮⟋→🖱右击→捕捉点B、A、C，☝单击→向右移动鼠标到合适位置后（位置不同可标注角的补角和对顶角），☝单击。

两直线夹角。☝单击角度标注按钮◿→☝单击线段AB→☝单击线段BC→移动鼠标到合适位置后，☝单击。

弧的圆心角。☝单击角度标注按钮◿→☝单击圆弧→移动鼠标到合适位置后，☝单击。

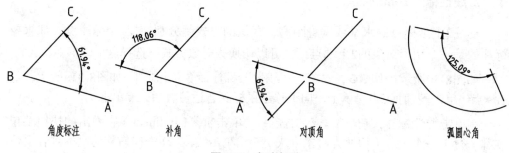

图8-32　角度标注

5. 弧长标注 Dimarc

用于标注圆弧或多段线中弧线段的弧线距离。如图8-30所示操作❷❸，☝单击"弧长"标注命令按钮→☝单击圆弧→移动鼠标到合适位置后，☝单击，结果如图8-33所示。

尺寸界线的角度与圆弧的圆心角大小有关，圆心角小于90°时垂直于圆弧的弦，如图8-33a所示，圆心角大于90°时垂直于圆弧，如图8-33b所示。弧长符号⌒默认在标注文字的前方，在标注样式定义时设置为在标注文字的上方，如图8-23所示操作❷。

《房屋建筑制图统一标准》（GB/T 50001—2017）中规定：弧长标注的尺寸起止符号与角度标注一致采用箭头，尺寸界线无论圆心角大小都要垂直于该圆弧的弦，如图8-33a所示。而在AutoCAD标注样式定义中弧长标注归属于线性标注，尺寸起止符号与线性标注一致采用建筑标记，因此如果图样中需要标注弧长，还要专门为弧长标注定义一个独立的标注样式，尺寸起止符号采用箭头。

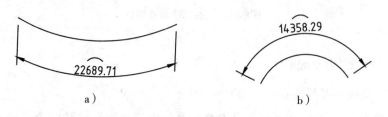

图8-33　弧长标注

6. 半径标注 Dimradius ⟋、直径标注 Dimdiameter ⊘

标注圆、圆弧的半径或直径，半径标注文字前缀字母R，直径标注文字前缀符号⌀。

如图8-30所示操作❷❸，⊕单击"半径"或"直径"标注命令按钮⟋⊘→⊕单击圆或圆弧→移动鼠标到合适位置，⊕单击。标注对象在圆内放不开时，则自动置于圆外，结果如图8-34所示。

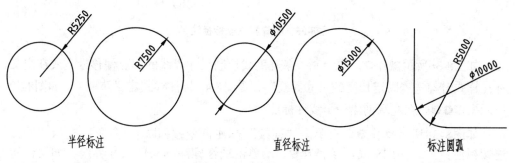

半径标注　　　　　　直径标注　　　　标注圆弧

图8-34　半径标注直径标注

7. 折弯标注 Dimjogged ⟋

折弯标注是缩略的半径标注，当圆弧或圆的中心位于布局外并且无法显示在其实际位置时，折弯标注可以在任意合适的位置指定尺寸线的原点，称为中心位置替代。

如图8-30所示操作❷❸，⊕单击"折弯"标注命令按钮⟋→⊕单击圆或圆弧→移动鼠标到合适的位置（尺寸线的原点），如图8-35a所示A点，⊕单击→径向移动鼠标，到折弯符号大小和标注文字位置合适时，⊕单击→以尺寸线的原点为轴心弧向移动鼠标，到折弯符号位置合适时，⊕单击，结果如图8-35所示。

8. 坐标标注 Dimordinate ⊥ₓ

标注点的X坐标或Y坐标，不能同时标注X、Y一对坐标。

如图8-35b所示，标注A点的X坐标。如图8-30所示操作❷❸，⊕单击"坐标"标注命令按钮⊥ₓ→捕捉A点⊕单击→向上移动鼠标到合适位置后，⊕单击。AutoCAD以45°线为判断界线，>45°则标注X坐标，<45°则标注Y坐标。

如图8-35b所示，标注B点的Y坐标。为了绘制直线坐标引线，先打开正交，⊕单击坐标标注命令按钮⊥ₓ→捕捉B点⊕单击→向右移动鼠标到合适位置后，⊕单击。

9. 连续标注 Dimcontinue ⊦⊦⊦

创建从上一个标注或选定标注的尺寸界线开始的一系列标注，适用于线性标注、坐标标注或角度标注。下面以线性标注为例操作。

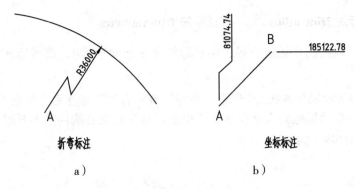

图8-35　折弯标注坐标标注

如图8-36所示操作❶，先绘制一条辅助线控制尺寸界线的起点偏移量。或在定义标注样式时勾选"固定长度的尺寸界线"，参见8.4.2标注样式定义步骤3.，如图8-22所示操作❹❺。在左端创建一个线性标注。

如图8-30所示操作❹，👆单击"连续"标注命令按钮┼┼┼→命令行提示"选择连续标注："，如图8-36所示操作❷，👆单击线性标注的右侧尺寸界线，如果创建线性标注后没有执行过其他命令，则无此提示而直接进入下一步→如图8-36所示操作❸，依次向右顺序捕捉标注点后向下移动鼠标，使用追踪拾取与辅助线的交点，单击→捕捉👆单击过所有标注点后，👆右击，在快捷菜单中，👆单击"确认"→👆右击结束，结果如图8-36所示❹。

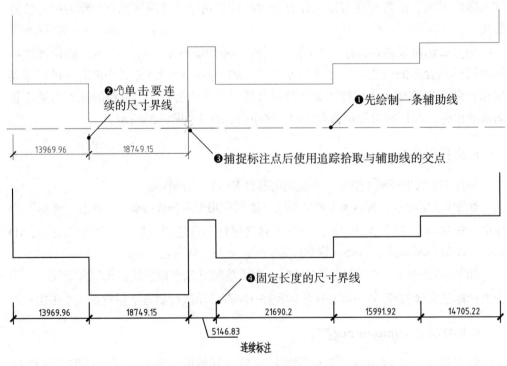

图8-36　连续标注

10. 基线标注 Dimbaseline

从上一个标注或选定标注的基线处创建线性标注、角度标注或坐标标注。基线标注是自同一基线处测量的一系列标注，在创建基线标注之前，必须先创建一个线性标注、角度标注或坐标标注。

如图8-37所示，先绘制一条辅助线控制尺寸界线的起点偏移量，在左端创建一个线性标注。

如图8-30所示操作❹，👆单击"基线"标注命令按钮 →命令行提示"选择基准标注："如图8-37所示操作❷，👆单击线性标注的左侧尺寸界线，如果创建线性标注后没有执行过其他命令，则无此提示而直接进入下一步→如图8-37所示操作❸，依次向右顺序捕捉标注点后向下移动鼠标，使用追踪拾取与辅助线的交点，👆单击→捕捉👆单击过所有标注点后，👆右击，在快捷菜单中，👆单击"确认"→👆右击结束，结果如图8-37所示。

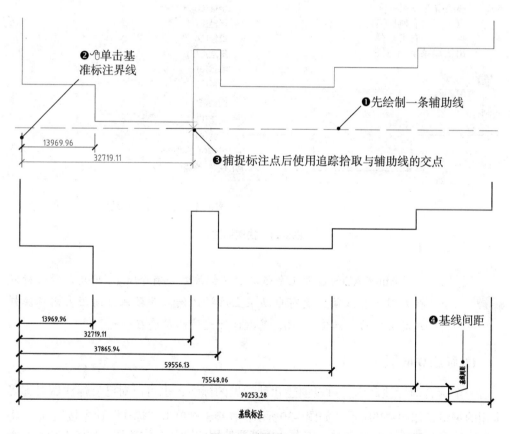

图8-37　基线标注

基线间距，即基线标注中相邻两个标注尺寸线之间的距离，在标注样式定义时可以设置，如图8-22所示操作❷。《房屋建筑制图统一标准》（GB/T 50001—2017）：平行排列的尺寸线间距应为7~10mm。

11. 快速标注 Qdim ⚡

从选定对象快速创建一系列标注，可创建连续、基线等标注类型，如图8-38所示。

如图8-30所示操作❺，🖱单击"快速"标注命令按钮 ⚡ →如图8-38所示操作，🖱窗口选择或🖱交叉窗选所有要标注的点，🖱右击，弹出快捷菜单，🖱单击"连续"（或基线等）→向下移动鼠标到合适位置（尺寸界线长度合适），🖱单击，结果如图8-36下图所示。

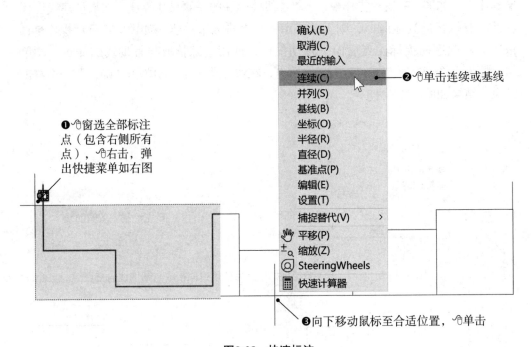

图8-38　快速标注

　AutoCAD的最近几个版本快速标注命令有个bug，使用注释性标注样式时，基线间距没有自动乘上注释比例，导致基线间距采用标注样式定义中的原始值7或10，基线间距过密而层叠在一起。

12. 标注 Dim 📐

一个综合的标注命令，可以创建几种常见的标注，也可以对已有标注做对齐等常用的编辑，如图8-39所示。如图8-30所示操作❻，🖱单击"标注"命令按钮 📐，将🖱光标悬停在被标注对象上时，将自动预览要使用的默认标注类型，如图8-39所示操作❶，支持的标注类型包括垂直标注、水平标注、对齐标注、旋转的线性标注、角度标注、半径标注、直径标注、折弯半径标注、弧长标注、基线标注和连续标注。如果需要更改标注类型，🖱右击，弹出快捷菜单，在列表中🖱单击选择标注类型，如图8-39所示操作❷，也可以使用命令行选项切换标注类型。

【例8-6】练习编辑标注对象，对齐几个独立的线性标注。

1）启动"标注"命令，单击"标注"命令按钮，如图8-30所示操作❻。

2）选择"对齐"编辑，右击，弹出快捷菜单，在列表中单击"对齐"，如图8-39所示操作❷。

3）选择标注对象，命令行提示"选择基准标注："单击一个线性标注对象作为基准，单击要对齐的线性标注对象（可以有多个），右击，结束选择，如图8-39所示操作❸❹。

4）右击，结束"标注"命令。

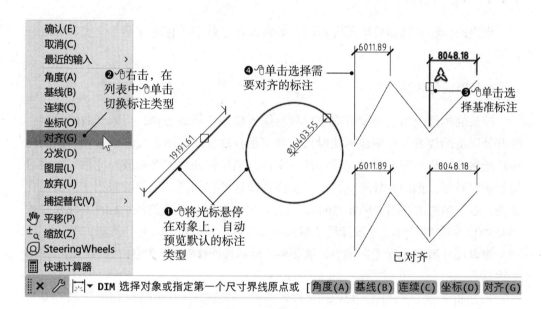

图8-39　综合标注命令

13. 圆心标记 Centermark ⊕

在选定的圆或圆弧的中心创建关联的十字形标记。在标注样式定义中可以设定圆心标记的类型，如图8-23所示。

如图8-30所示操作❼，单击"圆心标记"命令按钮⊕→单击圆或圆弧，可连续单击多个圆或圆弧，右击结束，结果如图8-40a所示。

14. 中心线 Centerline

选择两个直线段来创建关联中心线。将在所选两条直线的起点和终点的外观中点之间创建一条中心线。在选择非平行线时，将在所选直线的假想交点和终点之间绘制一条中心线。如图8-30所示操作❽，单击"中心线"命令按钮→单击两条直线，结果如图8-40b所示。

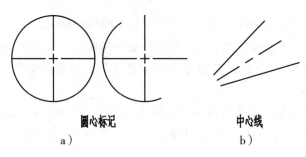

圆心标记   中心线

a）   b）

图8-40　圆心标记、中心线

8.4.4　修改现有标注

创建的标注有时需要做部分修改，如修改尺寸数字（标注文字）、更新标注样式等。

1. 折断简化画法

较长的构件，当沿长度方向的形状相同或按一定规律变化，可断开省略绘制，断开处以折断线表示。创建标注时尺寸数字是自动量测的图上尺寸，采用折断简化画法绘制的图样，图上尺寸与设计尺寸不符，创建标注后需要修改尺寸数字，也可添加折弯符号。如图8-41所示，由于图样过长且形状相同，绘制时采用了折断简化画法，右下角的图样图上尺寸45000，设计尺寸345000，创建的线性标注对象尺寸数字45000，需要将其修改为设计尺寸345000，并可添加折弯线。操作方法如下：

修改尺寸数字（标注文字），如图8-42所示操作❶❷❸，在空白处🖱右击，🖱单击确认。

添加折弯线，🖱单击添加删除折弯线命令按钮〜，如图8-30所示操作❾→🖱单击标注对象尺寸线放置折弯线，如图8-43所示操作❶。AutoCAD提供了这个功能，《房屋建筑制图统一标准》（GB/T 50001—2017）中无此项要求。

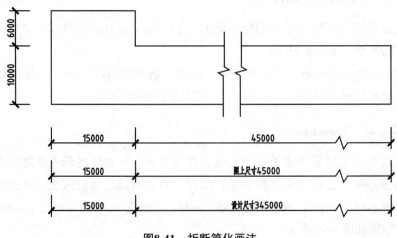

图8-41　折断简化画法

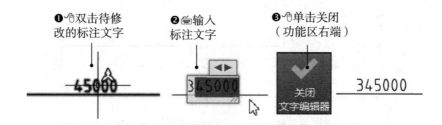

图8-42 修改尺寸数字

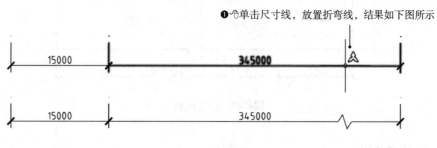

图8-43 放置折弯线

2. 标注更新 ↻

用当前标注样式更新已有标注对象。如采用gb35创建了许多标注对象，发现不符合要求，需要将标注对象更新为标注样式gb5。操作如下：

将当前标注样式切换为gb5，如图8-44所示操作❶。用当前标注样式gb5更新用gb35创建的标注对象，🖱️单击标注更新↻，如图8-44所示操作❷，选择需要更新的标注对象，🖱️右击，如图8-45所示。

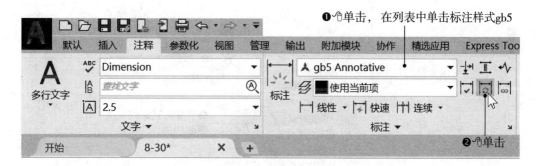

图8-44 标注更新

不使用标注更新而直接去修改标注样式定义参数，使用该标注样式创建的标注对象会自动更新，如将gb35样式的文字高度修改为5，则现有标注对象文字高度更新为5，但gb35样式的文字高度名不符实，容易引起混乱。

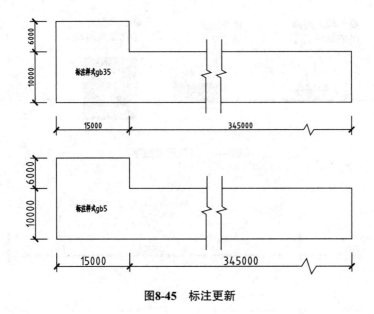

图8-45 标注更新

3. 快捷菜单操作

对已经创建的标注对象，可以使用快捷菜单做常用的修改，👆单击选择一个标注对象，👆右击或将鼠标悬停在夹点上会弹出快捷菜单，👆单击其中的项目可以进行常用的修改操作。如图8-46所示，可将尺寸数字随引线一起移动到新的位置，有时创建的标注对象因尺寸界线间距过小，标注文字容纳不开而堆在一起难以分辨，需要手工将其移动到合适位置。

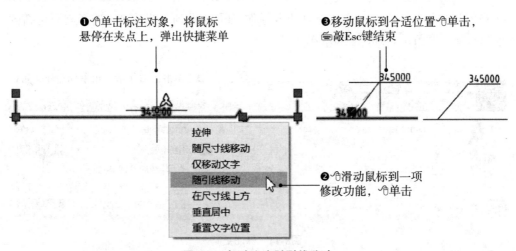

图8-46 标注文字随引线移动

8.5 多重引线Mleader

引线对象是一条直线或样条曲线，其中一端带有箭头，另一端带有多行文字对象或块，如图8-47所示。

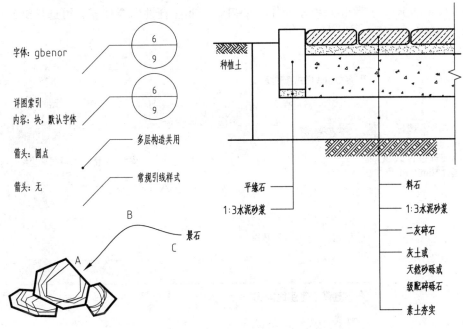

图8-47 引线示例

8.5.1 引线样式定义

引线样式在定义时也有注释性与非注释性之分，如何选择参见8.1注释性与非注释性。

【例8-7】定义一个注释性引线样式gb35 Annotative，文字高度3.5mm。

1）打开多重引线样式管理器。

如图8-48所示操作，单击"注释"选项卡→单击"引线"面板右下角的展开器↘，弹出多重引线样式管理器对话框，如图8-49所示。

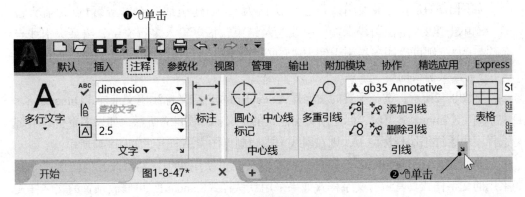

图8-48 引线样式定义

2）新建一个注释性引线样式gb35 Annotative。

选择注释性引线样式Annotative作为基础样式，新建一个引线样式，将其命名为gb35 Annotative，如图8-49所示操作。如果新建非注释性引线样式，可选择Standard作为基础样式。

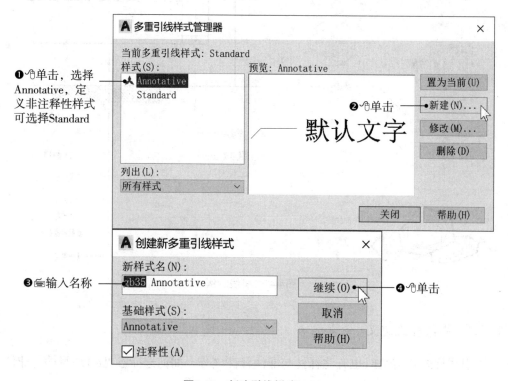

图8-49　新建引线样式gb35

3）定义引线格式。

如图8-50所示，引线类型：直线符合行业制图标准，样条曲线则更有园林韵味。箭头符号：常规引线选无，多层构造共用引线时选小圆点，默认值是实心闭合箭头。

4）定义引线结构。

如图8-51所示，最大引线点数默认值为2，创建引线时单击第1点为箭头位置，单击第2点定位引线末端，引线绘制结束，提示输入多行文字，将最大引线点数设置为3，则可以明确指引引线末端的左右方向。

5）定义引线内容。

如图8-52所示，选择预置的文字样式Standard或自定义标注用文字样式Dimension、文字高度3.5mm，参见8.2.1标注用文字样式的定义。如图8-53所示，如果多重引线类型选择了块（详细信息标注），则在引线末端绘制详图索引符号，如图8-47所示。

索引符号块_DetailCallout是内置的块定义，可使用块编辑器修改几何图形尺寸和采用的文字样式。其编号文字样式如果采用默认样式Standard，可修改预置的文字样式Standard，将其设置为专用Shape字体组合gbenor.shx+gbcbig.shx，参见8.2.1标注用文字样式的定义，或更改为自定义标注文字样式Dimension，如图8-54~图8-56所示。

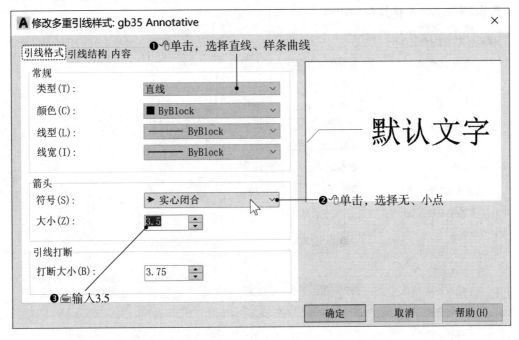

图8-50 引线格式

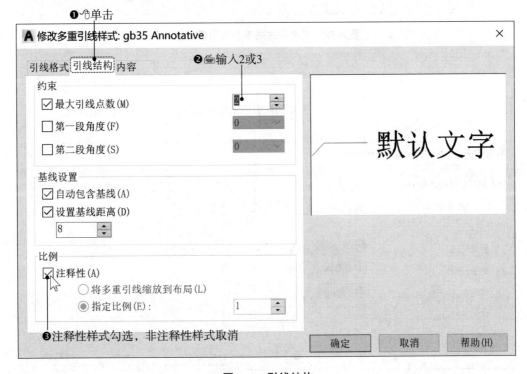

图8-51 引线结构

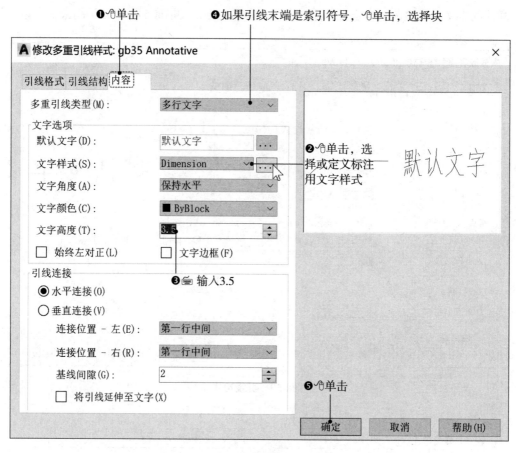

图8-52 文字样式高度、索引符号块

图8-53 详图索引符号块

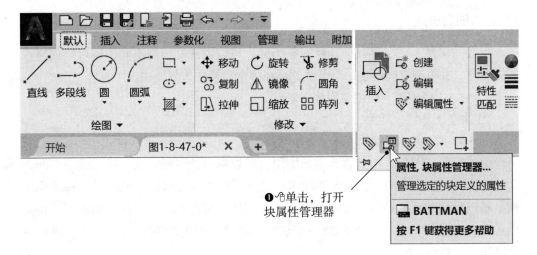

图8-54　修改索引符号块

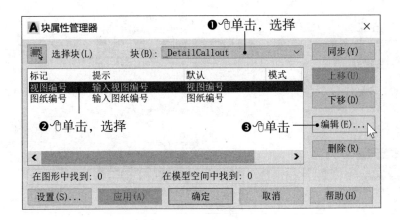

图8-55　编辑块属性

图8-56　修改属性文字样式

8.5.2 创建引线

引线与标注、文字等其他注释对象相同，可以创建在模型空间，也可以创建在图纸空间，在模型空间创建一个引线，可在多个布局中重复使用。

【例8-8】在模型空间创建引线对象。

1）准备工作。

打开随书的练习图8-57.dwg，文件中预定义了几种注释性引线样式，如图8-57所示。创建一个新图层，将其置为当前图层，放置创建的引线对象。进入模型空间，单击绘图区左下角的"模型"选项卡。选择当前注释比例，参见8.2.5选择注释比例，本例采用默认的1∶1，实际工作中每个图样都可能不同。开启极轴追踪并将其设置为45°或30°组，《房屋建筑制图统一标准》（GB/T 50001—2017）要求引线角度30°、45°、60°。

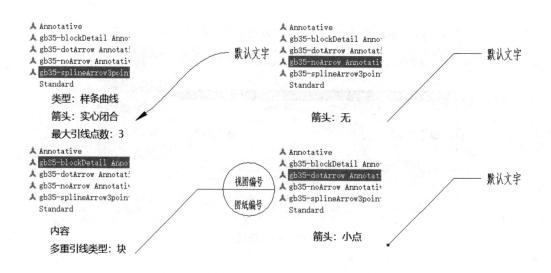

图8-57 多重引线样式示例

2）选择多重引线样式gb35-splineArrow3point（样条曲线、实心箭头、最大3点）作为当前引线样式，如图8-58所示操作❶❷❸。单击多重引线命令按钮，如图8-58所示操作❹。如图8-59所示依次单击ABC三个点定位引线，输入景石，单击功能区右端的按钮 关闭文字编辑器。

3）选择gb35-noArrow（无箭头）作为当前引线样式，如图8-58所示操作❶❷❸。单击多重引线命令按钮，如图8-58所示操作❹。如图8-59所示依次单击DE两个点定位引线，输入平缘石，单击功能区右端的按钮 关闭文字编辑器。

4）选择gb35-blockDetail（块详图索引）作为当前引线样式，单击多重引线命令按钮。如图8-59所示依次单击FG两个点定位引线，弹出块属性对话框，输入详图索引符号中的视图编号（分子）和图纸编号，如图8-60所示。

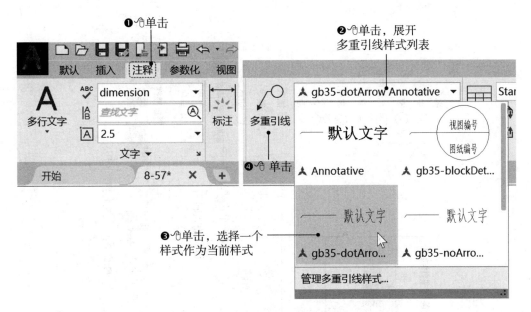

图8-58　选择当前引线样式

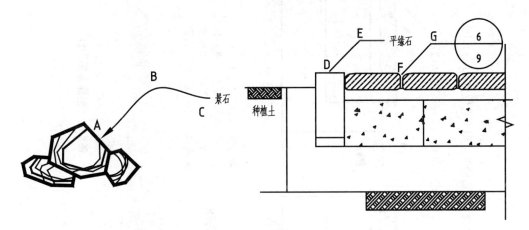

图8-59　创建引线示例

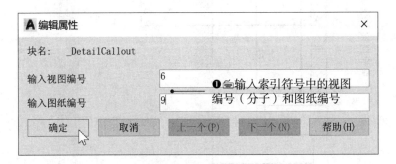

图8-60　索引符号块属性

5）绘制一条辅助线用来定位多重结构引线，如图8-61所示操作❶。开启持续对象捕捉并勾选"最近点"，如图8-61所示操作❷❸。选择gb35-dotArrow（小圆点箭

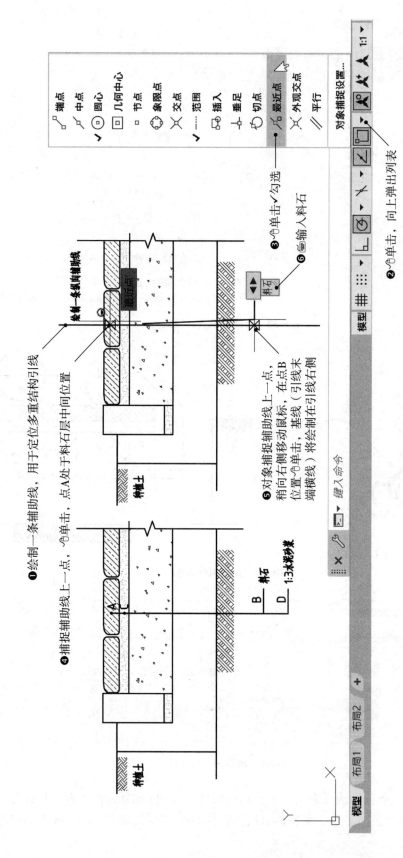

图8-61 创建多重引线

头）作为当前引线样式，🖱单击多重引线命令按钮 🖉。如图8-61所示操作❹❺❻，在点AB间绘制料石层引线，重复图8-61所示操作❹❺❻，在点CD间绘制水泥砂浆层引线，循环执行这一操作绘制所有结构层的引线，结果如图8-47右图所示。

8.6　表格Table

表格是包含按行和列排列的信息的复合对象，信息本身可以是文字、图块以及多种类型的数值数据，见表8-1。表格是一个整体对象，可以将其分解为次一级的组成对象，分解后不能再作为表格编辑和修改。

表8-1　表格示例

苗木表					
编号	图例	名称	规格	数量	备注
1					
...					

8.6.1　表格样式定义

【例8-9】新建一个表格样式，将其命名为gb35。

1）启动表格样式命令，如图8-62所示操作❶❷，打开表格样式对话框。

2）新建一个表格样式，将其命名为gb35，如图8-63所示。

3）设置单元格对齐方式，如图8-64所示，将标题、表头、数据的对齐方式设置为正中。

4）设置文字样式，如图8-65所示操作❸❹。如果表格独占一个布局页面，文字样式保持默认Standard，使用Windows系统的True Type字体。如果表格与图样混编在一个布局，可选择标注用文字样式Dimension，字体组合gbenor.shx+gbcbig.shx，参见8.2.1标注用文字样式的定义。

5）设置文字高度，如图8-65所示操作❺，⌨输入文字高度3.5。

6）结束表格样式定义，🖱单击"确定"，如图8-65所示操作❻。

8.6.2　插入空表格录入内容

表格是非注释性对象，一般创建在布局的图纸空间里，也可以先按1∶1的比例创建在模型空间里，完成后再缩放布局中视口比例因子的倍数，原理参见8.1注释性与非注释性。

【例8-10】创建一个空表格，录入相关信息。

1）创建一个新图层，将其置为当前图层，放置创建的表格对象。

2）选择表格样式gb35，插入一个空表格。如图8-62所示操作❶❸❹、图8-66所示，设置插入表格的行、列等参数。如图8-67所示，在布局页面或绘图区域（模型空间），🖱单击一点定位表格插入位置，🖱单击功能区右端的按钮▣先关闭文字编辑器，只插入一个空表格。如果在模型空间，插入的空表格可能很小，先按布局中视口比例因子缩放至适合模型空间的尺寸，参见3.2.8 缩放对象。

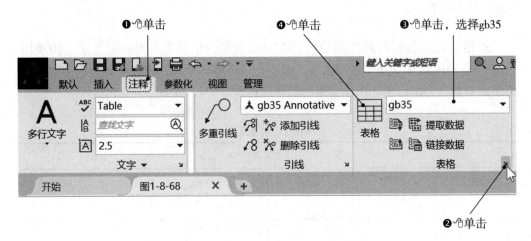

图8-62　表格样式定义、创建表格

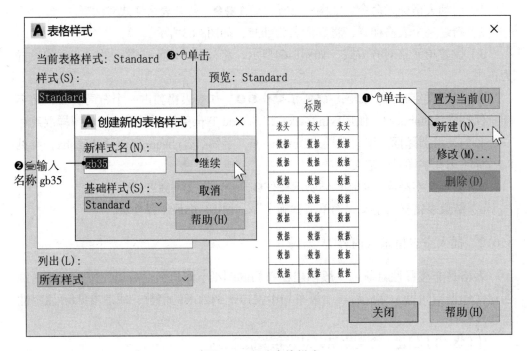

图8-63　新建表格样式

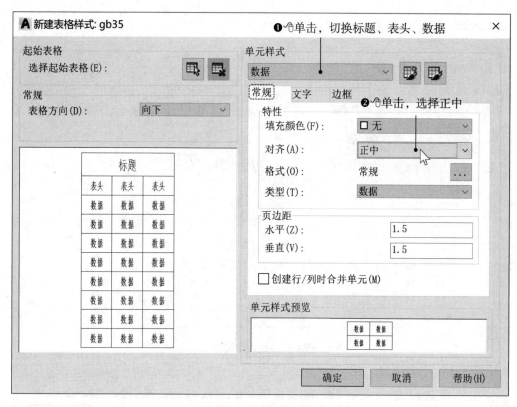

图8-64　表格样式—单元格对齐

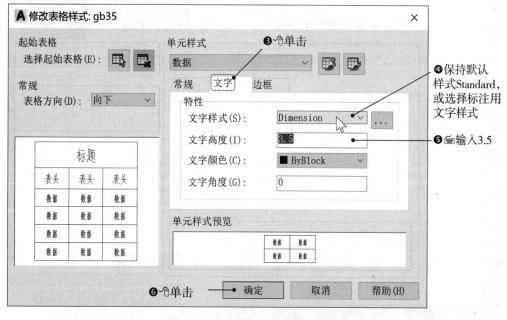

图8-65　表格样式—文字样式、高度

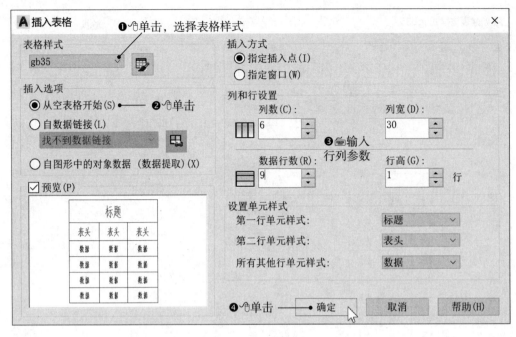

图8-66 插入空表格

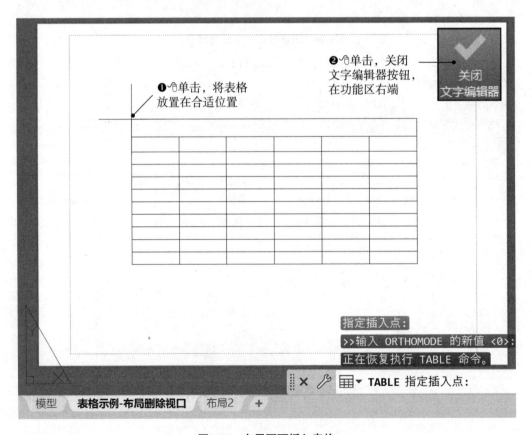

图8-67 布局页面插入表格

3）调整表格，如图8-68所示，选中整个表格或表格的一行或一列，与Office类的应用程序类似，用夹点可以调整行和列，右键快捷菜单可以插入、删除行列、设置单元格样式等，相关的命令和工具按钮如图8-69所示❸。

4）在单元格中录入文字和数字字符，在单元格中⚲双击，打开文字编辑器，⌨️输入字符，如图8-70所示操作。

5）在单元格中插入树木图例等内部块定义，在单元格中⚲单击，功能区右端追加"表格单元"上下文选项卡，如图8-69所示操作❶❷、图8-71所示插入树木图例块定义。仅限当前图形中的内部块定义，块定义库文件中的块需要先插入到当前图形中，参见4.2.3插入块。

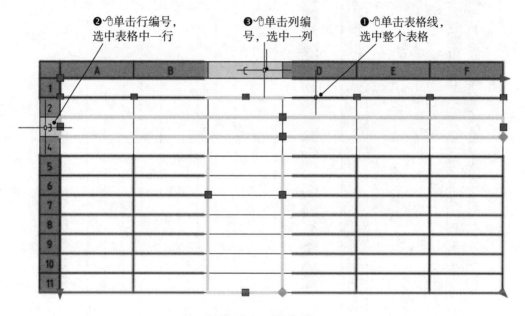

图8-68 调整表格

8.6.3 链接 Excel文件创建表格

在AutoCAD中可以将表格链接至 Microsoft Excel文件中的数据，可以链接至整个电子表格、行、列、单元格或单元格范围。

【例8-11】链接Microsoft Excel文件，创建一个表格。

1）创建一个新图层，将其置为当前图层，放置创建的表格对象。

2）选择表格样式gb35，启动创建表格命令，如图8-62所示操作❶❸❹。

3）创建一个Excel数据链接，如图8-72、图8-73所示。如图8-74所示操作❶，设置链接的Excel文件路径类型为"无路径"，将链接的Excel文件与当前图形.dwg文件要存储在同一个文件夹，如图8-74所示操作❷❸，如果表格独占一个布局页面，可保持勾选使用链接的Excel源文件格式，如果表格与图样混编在一个布局，可取消勾选采用自定义表格样式gb35，参见8.6.1表格样式定义。

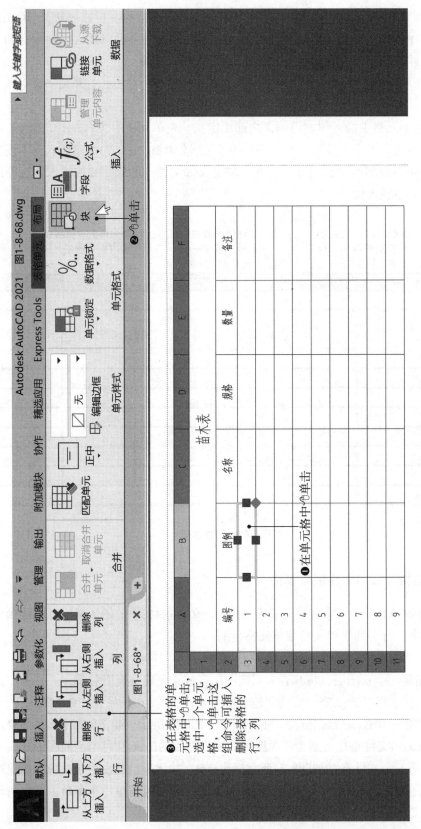

图8-69 单元格中插入树木图例块

图8-70　录入文字和数字字符

图8-71　选择内部块定义

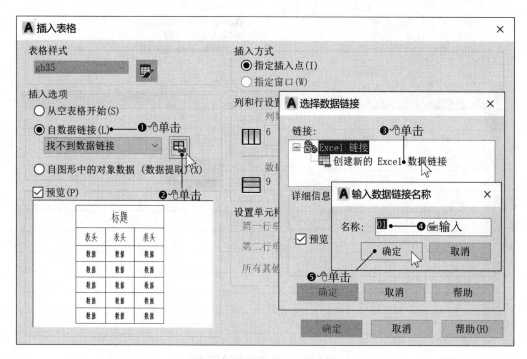

图8-72 创建Excel表链接

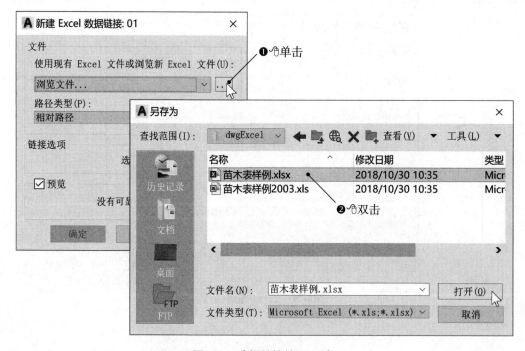

图8-73 选择链接的Excel表

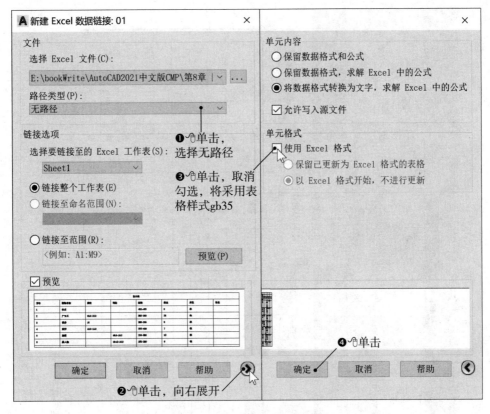

图8-74　单元格采用样式gb35

4）定位创建表格，在布局页面或绘图区中（模型空间）合适的位置，单击一点定位表格的左上角点，创建一个表格。

5）标题行合并居中对齐，如果采用自定义表格样式gb35，如图8-74所示操作❷❸取消勾选，创建的表格标题行没有合并，如图8-75所示合并标题行的单元格，标题居中对齐。

如果表格独占一个布局页面，可采用链接的Excel源文件格式，文字使用Windows系统的True Type字体。如果表格与图样混编在一个布局，可采用自定义表格样式gb35，选择标注用文字样式Dimension，字体组合gbenor.shx+gbcbig.shx，图文风格一致，参见8.2.1标注用文字样式的定义。

使用Microsoft Excel数据链接必须安装应用程序Microsoft Excel。要链接至 XLSX文件，需要安装Excel 2007以上版本，老版本的AutoCAD推荐使用Excel 2003。

8.6.4　手工绘制表格

早期的AutoCAD没有表格命令，表格是作为图形手工绘制的。使用多行文字命令将表格中的信息排列成行、列结构的方阵，参见8.2.3 多行文字，用直线、矩形等图形绘制命令绘制表格线，用修剪、延伸等修改命令整理表格线。

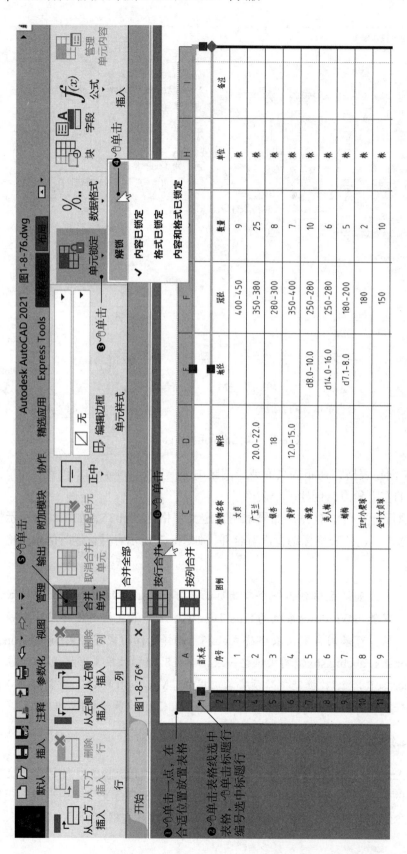

图8-75 标题单元格合并

思　考　题

1. AutoCAD中文版提供的专用矢量字体（.shx）由哪几个文件组成？

2. 按照《房屋建筑制图统一标准》（GB/T 50001—2017），适用的Shape字体组合是什么？

3. 定义标注用文字样式时，文字高度为什么为0？是否勾选"注释性"？

4. 定义"注释性"文字样式，确定文字高度的依据是什么？

5. 多行文字工具如何书写分式和上下标？如何书写平方米（m^2）？

6. 图标题采用True Type字体大标宋，如何设置打印成空心字？

7. 标注有哪几种基本类型？

8. 一个标注由哪几种元素构成？

9. 按照《房屋建筑制图统一标准》（GB/T 50001—2017），新建一个"注释性"标注样式gb35，文字高度3.5mm。

10. 试述创建一个标注的工作流程。

11. 采用折断简化画法的图样（有折断线），如何修改标注尺寸？

12. 如何将现有标注更新为新的标注样式？

13. 试述链接Microsoft Excel表，创建苗木表的工作流程。

第9章　图样输出和矢量化

9.1　图样输出

　　一个布局输出后就是一幅图样，可以打印成一张图纸。在一个布局中采用多视口可以方便地在一张图纸上排布具有多种比例的图样，抽取多个文件中的布局可以集成一个项目的图纸集。如果在工作过程中输出一张草图，也可以不设置布局而在模型空间中直接输出。

9.1.1　打印输出布局

　　【例9-1】打印输出一个布局。

　　打开随书的练习图9-1.dwg，图形文件是设置好的一个布局，示例图样堆砌了多种元素不必推敲。

1. 切换至布局

　　☝单击绘图区左下角的"布局1"选项卡，切换至布局。参见7.3布局设置流程，如图7-4所示操作❷。

2. 打印对话框

　　☝单击打印机图标🖶，在屏幕左上角的快速访问工具栏中，参见1.2.2快速访问工具栏，如图1-8所示。

3. 布局参数说明

　　布局的参数设置，参见7.3.1布局的页面设置，主要参数如图9-1所示。

　　打印机/绘图仪：如图9-1所示❶，AutoCAD PDF（High Quality Print）.pc3，此处可以选择计算机连接的打印机或绘图仪，不同型号的打印机/绘图仪的页边距等参数默认值可能不同，重新选择打印机/绘图仪后需要对布局做部分修改。

　　图纸尺寸：如图9-1所示❷，ISO full bleed A3（297.00×420.00毫米），full bleed的图纸页边距较小，对输出图框更有利。

　　打印比例：如图9-1所示❸，左下角矩形框内的参数是用于在模型空间输出的，在打印输出布局时不需要设置，但需要检查确认此处的打印比例为1：1。在布局里图样的比例由视口比例确定，不知哪种误操作偶尔会引起此处的打印比例不是1：1。

　　打印质量：如图9-1所示❹，☝单击展开列表，可以在常规、最高、自定义等选项中选择，分辨率DPI（Dot Per Inches每英寸长度上的点数）值越大，输出的图样越

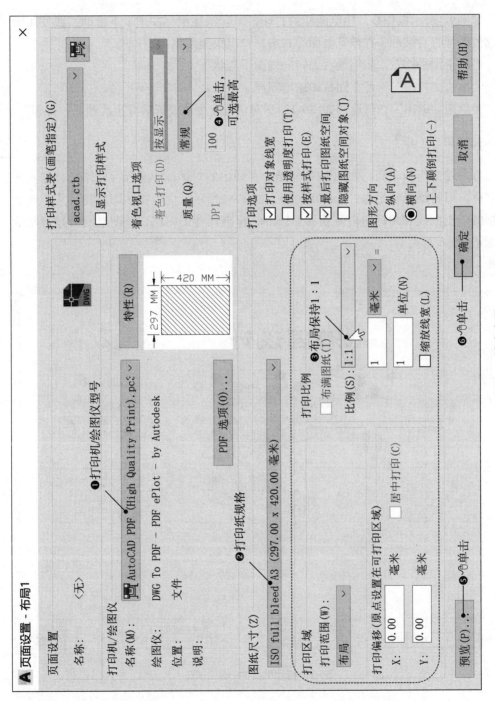

图9-1 输出布局

细腻。

4. 预览

如图9-1所示操作❺，预览图样的打印效果。按住鼠标左键上下拖动，或使用滚轮缩放图样查看细部，在预览页面🖑右击，弹出快捷菜单：

🖑单击"平移"，从缩放状态转向视图平移状态。

🖑单击"打印"，可立即打印输出图样。

🖑单击"退出"，可返回如图9-1所示对话框，更改设置后可再次预览、打印。

5. 打印

打印输出当前布局，如图9-1所示❻，在弹出的对话框中选择存储路径、输入文件名称，可将结果输出为一个PDF文件，如图9-2所示。为了指示图纸的尺寸，这个图框的外图框线和角标向内侧偏移了1mm，标准尺寸的图框，外图框线恰好与图纸边缘重合。

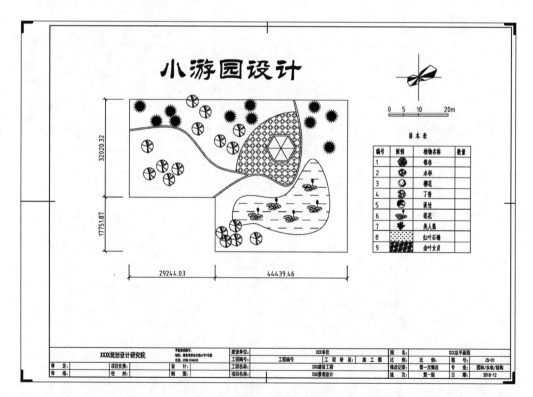

图9-2　打印输出的一个布局

　　PDF文件可以到广告图文公司输出，也可以在Photoshop等平面设计软件中打开做后期处理。

9.1.2　在模型空间打印输出图样

【例9-2】在模型空间打印输出规划图。

1. 进入模型空间

打开一张绘制好的规划图，🖱单击绘图区左下角的"模型"选项卡，进入模型空间。参见7.3布局设置流程，仿照图7-4所示❷。

2. 插入图框

将图框文件"城乡总体规划_A3横幅.dwg"作为块插入，参见7.3.2插入国标图框，仿照图7-7所示操作❶~❿，将图框按比例1：1插入到当前绘图区中，缩放图框将规划图囊括其中，如图9-3所示。本例插入的图框来源于城乡规划博客。

3. 修改插入的图框

分解插入的图框块，修改图样文本信息、替换风玫瑰图、绘制形象比例尺。

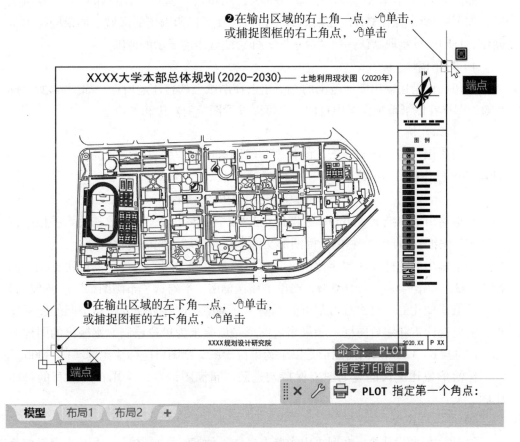

图9-3　在模型空间插入图框，指定打印范围

4. 将输出图样充满绘图区

缩放、平移视图，将要输出的图样尽量充满绘图区。

5. 打印对话框

👆单击打印机图标🖶，在屏幕左上角的快速访问工具栏中，参见1.2.2快速访问工具栏，如图1-8所示。

6. 设置输出参数

与布局输出通用的参数设置，参见9.1.1打印输出布局，主要参数如图9-4所示。

1）打印机/绘图仪：如图9-4所示操作❶，AutoCAD PDF（High Quality Print）.pc3，此处可以选择计算机连接的打印机或绘图仪，不同型号的打印机/绘图仪的页边距等参数默认值可能不同，重新选择打印机/绘图仪后需要做部分修改。

2）图纸尺寸：如图9-4所示操作❶，ISO full bleed A3（297.00×420.00毫米），full bleed的图纸页边距较小，对输出图框更有利。

3）打印区域。

如图9-4所示操作❷，👆单击展开列表，👆单击"窗口"，打印对话框暂时关闭，如图9-3所示操作❶❷，在绘图区中窗口选择要打印输出的区域。如果漏掉本步操作，打印区域将取默认选项"显示"，即绘图区当前显示的范围。

4）打印偏移。

打印偏移是指输出图样范围的左下角点在图纸上的打印起始点，如图9-4所示操作❸，图样在图纸范围内居中打印，也可以设置图纸的左边和下边距。

5）打印比例。

打印比例是指输出到图纸上的长度与绘图区中图样的长度之间的比例关系，如图9-4所示操作❺，图中显示：

$$1毫米 = 2.842单位$$

是指输出到图纸上的1mm＝绘图区中2.842个图形单位，这种比例关系是根据打印区域与图纸幅面自动测算的，因图形文件和打印区域不同而变化。

如果输出的图样标注数字比例尺，可将此数值增大到一个最近的可用比例，如2.842→3，如图9-4所示操作❹❺，👆单击核选框☑，不勾选"布满图纸"→⌨输入3（该数值是变化的，每次练习都可能不同）。调整比例导致插入模型空间的图框变小，需要返回重新缩放图框。如果当前图形是以毫米为单位绘制，则输出的图样应标注比例尺1：3，如果当前图形是以米为单位绘图，则图样应标注比例尺1：3000。

标绘形象比例尺的规划图，保持勾选☑"布满图纸"，采用自动测算的打印比例。

6）打印样式表。

如图9-4所示操作❻，在列表中👆单击选择一种打印样式表。acad.ctb适用于彩色

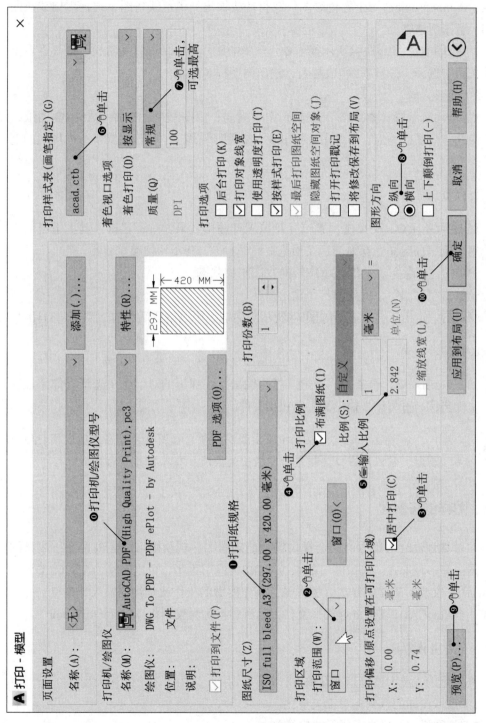

图9-4 模型空间打印输出参数

绘图仪或打印机按图层特性的定义输出彩色图；Grayscale将彩色抖动成灰度，适用于黑白绘图仪或打印机输出黑—白—灰组成的灰度图，灰度的深浅区分不同的彩色图层；monochrome适用于彩色绘图仪或打印机输出纯黑色线条图，这种黑白线条图复印、晒图更清晰。

7）打印质量：如图9-4所示操作❼，🖱单击展开列表，可以在常规、最高、自定义等选项中选择，分辨率DPI值越大，输出的图样越细腻。

8）图形方向。

如图9-4所示操作❽，🖱单击选择纵向/横向，因图纸尺寸选择了A3纵幅图纸，对于南北方向长的场地，🖱单击选择纵向。右侧预览图中"A"的头部指向场地的上（北）方向。

7. 预览

如图9-4所示❾，🖱单击"预览"预览图样输出效果。按住鼠标左键上下拖动，或使用滚轮缩放图样查看细部，在预览页面🖱右击，弹出快捷菜单：

🖱单击"平移"，从缩放状态转向视图平移状态。

🖱单击"打印"，可立即打印输出图样。

🖱单击"退出"，可返回如图9-4所示对话框，更改设置后可再次预览、打印。

8. 打印

如图9-4所示❿，🖱单击"确定"打印输出，在弹出的对话框中选择存储路径、输入文件名称，可将结果输出为一个PDF文件。

　　一般在模型空间仅打印输出草图，常省略图框。因在模型空间打印输出时，常以"窗口"指定打印输出的区域，有人将其称为"窗口打印"。

9.2　图样的矢量化

在做规划设计时甲方一般会提供场地的现状图，现状图可能是矢量图、光栅图像、图样等多种形式。矢量图可能来源于GIS类应用程序，可以转换为AutoCAD识别的dwg图形文件。现状图样或光栅图像，首先要做的工作就是将它输入计算机，并转换成一个AutoCAD识别的dwg图形文件，这种转换称为矢量化（Raster to Vector）。

9.2.1　矢量化方法

矢量化的方法大概有以下几种：

1）量取图样的点坐标手工矢量化。

2）将图样扫描成光栅图像衬底描红。

3）使用专用软件自动矢量化。

4）使用数字化仪手工矢量化。

9.2.2 量取图样的点坐标手工矢量化

对于地形地物较少的现状图，可以逐个量取点的坐标，在AutoCAD中使用绘图命令直接绘制底图上的图形对象，手工完成矢量化过程，工作流程如下：

1. 确定坐标系的原点和 XY 轴

一般以现状图样的左下角为原点，内框线为坐标轴，也可以手工绘制坐标轴。

2. 量取、标注图样的点坐标

要量取的是在绘图命令中需要输入的点的坐标，可直接用绘图尺量取毫米值，不必使用比例尺换算，结果如图9-5所示，虚线是指示坐标的辅助线，工作中可直接将坐标注记在点附近，如图9-5所示I点，注记为269，163。

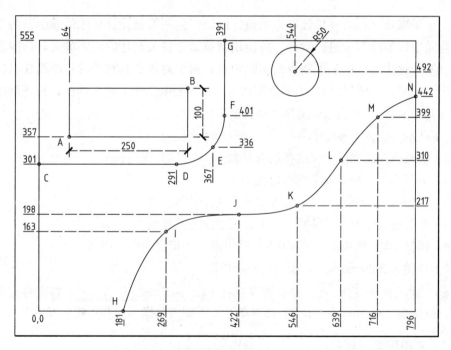

图9-5 量取图样点坐标手工矢量化

3. 在 AutoCAD 中用绘图命令直接绘制现状图中的图形对象

1）绘制矩形。

单击矩形命令按钮□→输入64，357回车→输入@250，100回车。
2）绘制直线CD、FG。

打开正交→单击直线命令按钮╱→输入0，301回车→向右移动鼠标引出方向→⌨输入291回车→🖰右击，🖰单击"重复直线"→⌨输入391，401回车→⌨输入391，555回车。

3）绘制弧DEF。

🖰单击圆弧命令按钮⌒→捕捉D点，🖰单击→⌨输入367，336回车→捕捉F点，🖰单击。如果要求弧与两直线相切，可🖰单击弧DEF，🖰右击，🖰单击"特性"，查看弧的半径值为100 →🖰单击圆角命令按钮⌒→🖰右击，🖰单击"半径"→⌨输入100回车→🖰单击直线CD→🖰单击直线FG。

4）绘制圆。

🖰单击圆命令按钮⊙→⌨输入540，492回车→⌨输入50回车。

5）绘制样条曲线。

🖰单击样条曲线拟合命令按钮∿→⌨输入181，0回车→依次⌨输入I、J、K、L、M点坐标回车→⌨输入796，442回车→🖰右击，🖰单击"确认"。

4. 将绘制的图形缩放到实际尺寸

由于量取点坐标时直接读取毫米值，所以当前图形是设计场地的缩影，为了在模型空间中以实际尺寸进行设计，可使用缩放命令将矢量化的底图放大。参照缩放必须已知场地中两个明显地物点的实际距离，两个对角点有利于校正图纸在纵横两个方向上的变形，假设已知AB两点距离为30m，要以毫米为单位绘图，校正后的新长度为30000单位，参照缩放的操作步骤如下：

1）🖰单击缩放命令按钮□。（启动缩放命令scale）

2）⌨输入ALL回车。（选择所有对象）

3）⌨回车。（确认对象选择已结束）

4）⌨输入0，0回车。（确定缩放基点为坐标原点）

5）🖰右击，🖰单击"参照"。（启用参照方式缩放）

6）捕捉A点，🖰单击→捕捉B点，🖰单击。（指定两个参照点）

7）⌨输入30000回车。（校正后的新长度）

8）🖰单击全部缩放🔍，在右侧导航栏中 ⊙·✋×⊕⬦·▣·▶ ，将图样充满绘图区，或⌨输入zoom回车→⌨输入a回车。（视图控制操作，并不影响真实尺寸）

9.2.3 光栅图像衬底描红

用扫描仪扫描图样，存储为JPG、PNG、TIF等格式光栅图像文件，在AutoCAD中附着图像文件，衬在绘图区中做底图，像用描图纸蒙墨线图那样在上面描绘一遍，完成矢量化。

【例9-3】附着光栅图像文件，衬底描红矢量化。（附教学视频mp4）

1. 创建一个新图层

将其置为当前图层，放置附着的光栅图像。

2. 附着光栅图像文件

1）启动附着命令，如图9-6所示❶，依次🖰单击"插入"选项卡→"参照"面板→附着🖻。

2）选择图像文件，浏览存储路径，找到要附着的光栅图像文件，打开。

3）设置附着参数，如图9-7所示，取消勾选"在屏幕上指定"，将图像以1∶1的比例插入到坐标系原点，路径类型选择"无路径"，当前图形文件与光栅图像文件存储在同一文件夹。练习用的灵隐寺平面图来自网络，未找到明确原始出处。

4）附着后光栅图像可能过太或过小，在原点附近查找，视图缩放至合适大小，参见1.5.2使用导航栏平移和缩放。

3. 图像的方向校正和比例校正

旋转光栅图像校正南北方向，缩放光栅图像还原实际尺寸。

方向校正，找到光栅图像中的指北针，以指北针顶点为起点，绘制一条指北方向线（指示光栅图像中的北方向），绘制一条指北参照线（指示绘图区的上下方向），如图9-6所示❷❸。使用"参照旋转"将光栅图像的北方向旋转至绘图区的上方向，参见3.2.3旋转。你可以想象，指北方向线粘在光栅图像表面，以指北针顶点为旋转轴，拨动指北方向线与指北参照线重合。

比例校正，找到光栅图像中的形象比例尺或标注的尺寸，在形象比例尺两个端点之间，或已知场地中实际距离的两点之间，绘制一条长度参照线，如图9-6所示❹。使用"参照缩放"将光栅图像的尺寸缩放至场地实际尺寸，参见3.2.8缩放对象。

4. 分图层描绘底图

按照对象的属性分别创建多个图层，如等高线、道路、水体、建筑等，用绘图命令描绘不同类型的对象，方法与9.2.2中步骤3.相似，区别在于不⌨输入点坐标，而是直接在衬底的光栅图像上🖰单击取点绘制图形。

描图过程中，已经描绘的图线有时会突然不见了，一般是被衬底图像覆盖了。🖰单击光栅图像边缘将其选中→🖰右击，弹出快捷菜单，🖰单击"后置"将图像置于底层，如图9-6所示❺❻。

5. 光栅图像的存储

当前图形文件中只记录了附着光栅图像的存储路径，光栅图像并没有存储在当前图形文件中。附着光栅图像时如何选择路径类型？如果始终在同一台计算机工作，路径类型选择"完整路径"，记录图像文件的完整存储路径。如果需要在多台计算机间迁移，路径类型选择 "无路径"，将图像文件与当前图形文件存储在同一文件夹中。如果再次打开图形文件时，提示参照文件未找到，如图9-8所示，🖰单击"打开外部参照选项板"，如图9-6所示❼❽❾，选择光栅图像的新存储路径。

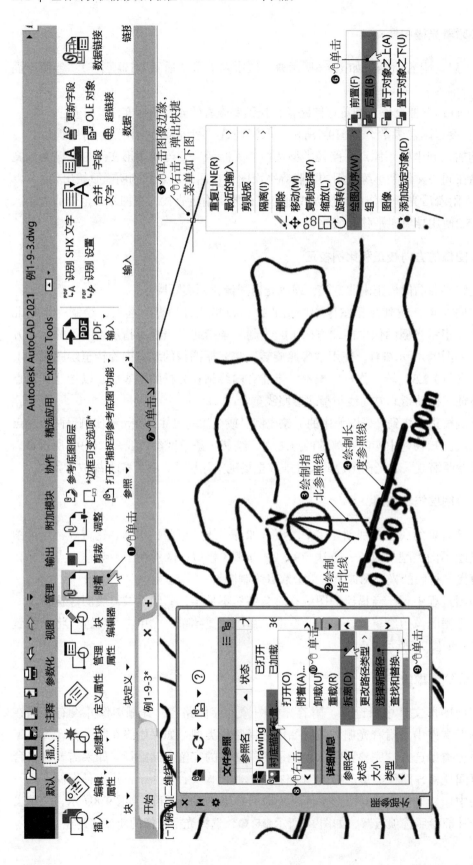

图9-6 附着光栅图像衬底描红

6. 拆离附着的光栅图像

描绘图线完成后，可以拆离附着的光栅图像，消除痕迹，如图9-6所示❼❽❿。

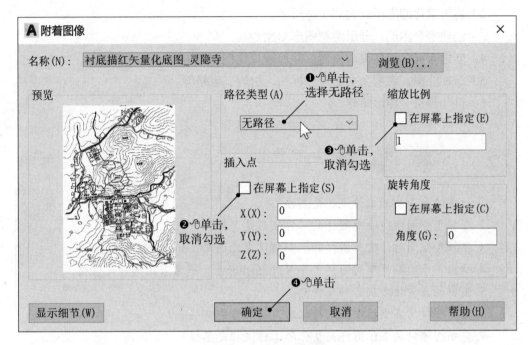

图9-7　附着光栅图像

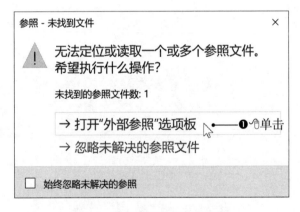

图9-8　找不到附着的光栅图像

　　光栅图像的方向校正和比例校正，绘制方向线、参照线的精度完全靠眼神，可尽量放大视图以减小偏差。现状图的等高线源于自然地形，一般使用多段线描绘，再使用多段线编辑做合并、拟合等整理。

9.3 绘制平面图的工作流程

按照一幅图样绘制的先后顺序，一般包括以下几个环节：

1）矢量化现状图。

2）将矢量化的底图放大到实际尺寸。

3）创建多个图层，分层绘制图形对象。

4）创建布局，调整视口比例，获取视口比例因子。

5）添加注释，说明文字、尺寸标注、引线、表格等。

6）打印预览，输出图样。

   思 考 题

1. 打印输出布局的工作流程是怎样？

2. 在模型空间打印输出图样的工作流程是怎样？

3. 在模型空间打印输出图样时，如何设置比例尺？如何处理图框？

4. 输出用于后期处理的图样（导入Photoshop），通常采用哪种文件格式？

5. 图样的矢量化方法有哪几种？

6. 量取图样的点坐标手工矢量化时，选择量取哪些点？

7. 光栅图像衬底描红图样矢量化的工作流程是怎样？

附录 常见问题解答（FAQs）

Q 01 双击dwg文件为什么打不开？

1）你安装了更高版本的AutoCAD，先前保存的dwg文件Windows将其指向原来那个版本的AutoCAD。右击dwg文件→属性→更改打开方式，将其指向你安装的高版本AutoCAD。或是按照标准的工作流程：先启动AutoCAD应用程序→打开dwg文件。

2）你在用低版本AutoCAD应用程序，想打开高版本AutoCAD保存的dwg文件。随着AutoCAD应用程序版本的升级，保存的dwg文件在优化，dwg文件格式在间隔性地改变，AutoCAD 2018~2021均采用2018版的dwg文件格式，AutoCAD 2017不能打开AutoCAD 2018或更高版本的dwg文件，需要在AutoCAD 2018或更高版本应用程序里，将dwg文件"另存为"AutoCAD 2013或更低的版本，参见1.6.3 保存图形文件。打开文件一般遵循"向下兼容"规则，即高版本的应用程序可以打开低版本的文件。

3）dwg文件局部损坏，可尝试使用"图形实用工具"修复。先启动AutoCAD应用程序→应用程序按钮→图形实用工具→修复。参见5.2.3修复损坏的图形文件。

4）U盘坏了读不出来，先尝试修复U盘吧。

Q 02 在AutoCAD里绘制的图是什么单位？

AutoCAD图形对象的尺度是图形单位，1个数值称为一个图形单位，一个图形单位所代表的距离与行业习惯有关，图形中一个300×300的矩形，在建造师眼里可能会是一块300mm×300mm的地砖，而在规划师眼里可能会是一个300m×300m的公园。绘制图形一个图形单位表示1m还是1mm，用户自己心里知道，在AutoCAD里不需要做任何设置。

Q 03 用AutoCAD绘图，啥时设置比例尺？

绘制图形时不需要设置比例尺，按照1∶1的等比例绘制，图样输出前，转到布局里再设置比例尺。绘制图形一般是在模型空间，模型空间是无限的三维绘图区域，绘制的图形与现实世界中的景物保持1∶1的等比例，可以想象成是在施工放线，用户自己心里知道1图形单位表示1m还是1mm就可以了。绘制好了图形以后，转到布局页面，创建视口，设置视口的比例，视口比例与图样比例尺紧密相关，参见第7章 模型空间与图纸空间。

Q 04 AutoCAD 2021的经典工具栏在哪儿?

大概从AutoCAD 2015版开始,工作空间取消了AutoCAD经典,全套复古的经典工具栏方案没有了,在2021版里仍然可以通过菜单,显示独立的经典工具栏。

1)显示菜单栏。依次🖱单击快速访问工具栏右端的下拉按钮▼→显示菜单栏。

2)显示某工具栏。依次🖱单击"工具"菜单→工具栏→AutoCAD→选择所需工具栏。

Q 05 在AutoCAD 2021里打开老旧图形文件,有些图层上的对象不见了,为什么?

AutoCAD 2021绘图区的背景并非纯黑色,而是一种黑灰色,有些暗色的图形线条与背景反差较小就看不见了。可在选项里将统一背景恢复传统颜色(纯黑)或是重置配置,参见1.2.1应用程序按钮1.恢复传统颜色、2.重置配置。

Q 06 状态栏上没有动态输入、线宽开关,也不显示坐标值,怎么办?

状态栏中显示哪些项目可以自定义,参见1.2.7 状态栏,如图1-14所示操作❸❹❺,可开/关状态栏中显示的项目。

Q 07命令执行过程中,应该弹出的对话框没出现怎么办?

有些系统变量影响对话框的显示,其初始值被改变后有些对话框不显示,可打开系统变量监视器,将系统变量全部重置为首选值,参见5.4.3系统变量监视器。

有些命令的提示可以在命令行也可以弹出对话框,一般可在命令字前缀连字符"-"来禁止显示对话框。例如:在命令行输入命令layer将显示"图层特性管理器"对话框,在命令行输入-layer则显示命令行选项,对话框和命令行中的选项可能略有不同。

Q 08 设置图层颜色时,索引颜色7号和255号都是白色,有区别吗?

7号色是个特例,随绘图区背景色不同在白与黑之间自动切换。将图层颜色设置为7号色,在这个图层上绘制的图形,显示时与绘图区背景颜色相反,背景黑色时显示为白色线条,白色背景时显示为黑色线条,打印输出时总是黑色。255号色表示灰度级白色,显示与打印输出都是白色线条。

AutoCAD 颜色索引(ACI)是AutoCAD中使用的标准颜色,每种颜色均通过ACI 编号(1~255的整数)标识,如图4-4选择颜色。如果将光标悬停在某种颜色上,该颜色的编号及其R红、G绿、B蓝三色值将显示在调色板下面。大的调色板显示编号10~249的颜色。第二个调色板显示编号1~9的颜色,标准颜色名称仅用于颜色1~7,1红、2黄、3绿、4青、5蓝、6洋红、7白/黑。第三个调色板显示编号250~255的颜色,这些颜色表示灰度级。

Q 09　设置了线宽为什么显示的线条粗细没变化？

线宽是图样打印输出后线条的宽度，默认不显示线宽。如果要在绘图过程中显示线宽，可先在状态栏中显示"线宽"按钮，🖰单击线宽按钮，开启/关闭线宽显示。自定义状态栏中显示哪些项目，参见1.2.7状态栏，如图1-14所示操作❸❹❺。

Q 10　非连续线型的线条为啥看着是实线？

非连续线型的线条是否显示为虚线与线型比例有关，参见4.4线型与线型比例。

Q 11　绘制等高线是用多段线还是样条曲线？

样条曲线更平滑，多段线的形态更容易控制。设计师设计的地形，等高线非常平滑可以用样条曲线绘制。描图员抄绘设计师的手稿，一般使用多段线描绘等高线，再使用多段线编辑做合并、拟合等整理，这样做更容易控制形状，忠实表达原作。测绘图为了真实表达自然地形，用多段线绘制等高线，放大后是连续的直线段，可以想象用火柴杆首尾相连摆出山东半岛的海岸线。

Q 12　为什么使用块而不是复制原始图形？

一组图形如果要多次重复使用，创建块定义，插入块参照或插入后复制，可以减小图形文件的大小，也有利于这组图形的标准化和跨文档使用。

Q 13　块定义尺寸不合要求，先缩放插入的块，然后复制有啥不妥？

外源的块定义尺寸与当前图形可能不匹配，在插入后修改块定义或分解后重新创建块定义可从根本上解决。插入的块缩放后直接复制，复制的每个副本都含有一个缩放环节，运行时多了一步运算，理论上速度要慢一点，尽管可能感觉不到，但无限累积会降低运行效率，有最优化思想还是好的。

Q 14　书写的单行文字可以转换为多行文字吗？

打开老旧的图形文件，修改文字时可能会发现，有些排列成一段的多个文字行是独立的单行文字，可以使用快捷工具将其转换为多行文字。选择多个单行文字→Express Tools选项卡→Text面板→Convert to Mtext工具。

Q 15　标注的角度为啥没有小数？

在单位设置和标注样式里都有角度精度，默认的设置都只有整数位，修改角度精度后，标注的角度就显示小数了。参见5.2.1设置图形单位格式、8.4.2标注样式定义7.设置主单位参数。

Q 16 附着了光栅图像，再次打开图形文件时只显示一个文件名和外框线咋办？

图形文件中只记录了附着光栅图像的存储路径，是个指向路标，图像并没有存储在当前图形文件中。如果再次打开图形文件时，提示参照文件未找到，单击"打开外部参照选项板"→在选项板中右击图像文件名称→选择图像文件的新存储路径，参见9.2.3光栅图像衬底描红。

参考文献

[1] Autodesk. AutoCAD 2021应用程序帮助文档 [OL]. [2020-08-30] http://help.autodesk.com/view/ACD/2021/CHS/.

[2] 中华人民共和国住房和城乡建设部. 风景园林制图标准：CJJ/T 67—2015 [S]. 北京：中国建筑工业出版社，2015.

[3] 中华人民共和国住房和城乡建设部. 房屋建筑制图统一标准：GB/T 50001—2017 [S]. 北京：中国建筑工业出版社，2018.

[4] 中华人民共和国建设部. 城市规划制图标准：CJJ/T 97—2003 [S]. 北京：中国建筑工业出版社，2003.

[5] 邢黎峰. 园林计算机辅助设计教程 [M]. 2版. 北京：机械工业出版社，2007.